长江大保护水环境综合治理技术解决方案及典型案例汇编

吴坤明　等　编著

中国三峡出版社

图书在版编目（CIP）数据

长江大保护水环境综合治理技术解决方案及典型案例汇编／吴坤明等编著．--北京：中国三峡出版社，2024.12. -- ISBN 978-7-5206-0333-1

Ⅰ. X321.2

中国国家版本馆 CIP 数据核字第 2024AU8622 号

中国三峡出版社出版发行

（北京市通州区粮市街 2 号院　101100）

电话：（010）59401531　59401529

http://media. ctg. com. cn

北京世纪恒宇印刷有限公司印刷　新华书店经销

2024 年 12 月第 1 版　2024 年 12 月第 1 次印刷

开本：787 毫米×1092 毫米　1/16　印张：9.5

字数：249 千字

ISBN 978-7-5206-0333-1　定价：65.00 元

《长江大保护水环境综合治理技术解决方案及典型案例汇编》
编 写 组

审　核：李　巍

校　核：叶　鼎　　颜莹莹　　周小国　　钟洲文

编　写：吴坤明　余太平　彭寿海　李　强　淦方茂　叶　秋

　　　　王　硕　顾　凯　胡　军　雷　轰　司丹丹　陈　纯

　　　　谢家强　邱俊杰　卢　聪　华　琴　汪雨恬　张雨晨

　　　　巫　坚　姚　东　廖少波　张　超　米荣熙　陈彦霖

　　　　丁一凡

前　言

20 世纪 80 年代以来，在改革开放的历史背景下，长江流域历经 40 多年经济快速发展，积累了巨大的资源环境压力，水资源短缺、水生态损害、水环境污染等新问题不断出现，"长江病了，而且病得还不轻"。2016 年 1 月 5 日，习近平总书记在重庆主持召开推动长江经济带发展座谈会，明确指出"当前和今后相当长一个时期，要把修复长江生态环境摆在压倒性位置，共抓大保护，不搞大开发"。2018 年 4 月 26 日，习近平总书记在武汉主持召开深入推动长江经济带发展座谈会，明确指示"三峡集团要发挥好应有作用，积极参与长江经济带生态修复和环境保护建设"。三峡集团作为生于长江、长于长江、扎根于长江的中央企业，积极响应时代赋予的新使命，紧紧围绕习近平生态文明思想，深入贯彻落实习近平总书记"共抓大保护，不搞大开发"的重要指示精神和"碳达峰、碳中和"的重要论述精神，确立清洁能源和长江生态环保"两翼齐飞"的发展思路。

三峡集团内部持续优化整合资源，举全集团之力推进共抓大保护工作，成立长江生态环保集团有限公司（以下简称"长江环保集团"）等五大生态环保业务平台协同发力，以城镇污水治理为切入点，坚持"中医整体观"系统治理，总结形成解决城镇污水治理突出问题的163 字"三峡治水方案"，结合实践提炼形成长江经济带城镇污水治理"三峡模式"，聚焦"厂网一体"模式到"城市智慧水管家"模式。截至 2023 年初，三峡集团共抓长江大保护投入总计 1876.5 亿元，建设和投运污水处理厂（站）641 座，污水处理能力（规模）422.2 万 m³/d，设计雨水、污水等管网长度 32 299.5km，设计直接服务城镇面积 4.6 万 km²，直接服务居民人数 3564 万人，生态环保之翼逐步发展壮大。从 4 个试点城市拓展到长江经济带 11省 85 个市县区，三峡集团切实推进相关地区水环境治理整体提质增效，在深度融入长江经济带、共抓长江大保护中发挥骨干主力作用。

为全面总结三峡集团参与共抓长江大保护积累形成的水环境综合治理技术成果，凝练吸收取得的成效、经验，长江环保集团技术中心组织开展本书的编写工作。本书首先详细阐述了三峡集团科学治水方案，接着从流域水环境系统治理、排水管网系统治理、污水处理及资源化、农村污水处理、河湖整治与修复、固废处理处置及资源化、智慧水务 7 个专业领域展开论述，分别总结了各领域主要的治理技术路线，归纳了 25 项三峡特色核心技术，介绍了以标准化文件、专利著作、科研项目为核心的技术支撑体系建设成果，并以 26 个典型案例为依托分享了各领域三峡特色技术解决方案的应用成效。这些技术解决方案和典型案例兼顾水环境系统治理的复杂性、城镇污水处理的典型性、治理手段和方法的综合性，体现出"厂-网-河-湖-江-岸-泥"系统治理、智慧联动的成效，展示了"生态环保"与"清洁能源"协同的优势，对长江大保护项目的高效策划、精益决策、精准治理具有重要指导和借鉴意义，有利于经验传承和能力提升，有助于实现大保护业务的可持续、系统性、高质量发展。

此外，本书在编撰过程中获得了长江环保集团内部各部门、各单位的大力支持，在此表示衷心的感谢。由于时间紧，长江大保护水环境综合治理涉及面广、问题复杂，加之编撰者水平有限，难免存在疏漏和不足，敬请广大读者和专家批评指正。

目 录

第一章 长江大保护治水历程

第一节 长江大保护工作背景

2016年1月5日，习近平总书记在重庆主持召开推动长江经济带发展座谈会，明确指出"当前和今后相当长一个时期，要把修复长江生态环境摆在压倒性位置，共抓大保护，不搞大开发"。2018年4月26日，习近平总书记在武汉主持召开深入推动长江经济带发展座谈会，明确指示"三峡集团要发挥好应有作用，积极参与长江经济带生态修复和环境保护建设"。

三峡集团认真贯彻落实习近平总书记重要讲话和指示批示精神，自觉服从服务国家战略，在国家发展改革委的统筹部署和领导下，举全集团之力深度融入长江经济带，深入参与共抓长江大保护，提出清洁能源和长江生态环保"两翼齐飞"的发展思路，努力发挥在长江大保护中的骨干主力作用。

第二节 三峡治水方案

在国家发展改革委、住房城乡建设部的统筹安排下，三峡集团对长江经济带沿线尤其是中游四省开展现状调研和分析，发现存在的主要问题包括：城镇污水收集率低，污水直排，污水处理厂运行低效；城镇排水管网等基础设施落后，欠账严重；河湖水倒灌、溢流，雨污混接、错接，地下水渗入，城市河湖水环境容量严重不足；工业废水纳入城镇污水系统；厂网分离，产业链"片段化、碎片化"等。行业专家指出："问题在水里，根源在岸上，核心在管网，关键在排口"，"管网不治理、一切都白搭"。针对上述问题，三峡集团形成了城镇污水处理和水环境综合治理问题的163字科学治水方案。

一、方案内容

三峡集团163字科学治水方案：以城镇污水处理为切入点，以摸清本底为基础，以现状问题为导向，以污染物总量控制为依据，以总体规划为龙头，坚持流域统筹、区域协调、系统治理、标本兼治的原则，遵循"一城一策"，突出整体效益和规模化经营，通过"厂网河湖岸一体""泥水并重"、资源能源回收、建设养护全周期等模式开展投资建设和运营，促进城镇污水全收集、收集全处理、处理全达标以及综合利用，保障城市水环境质量整体根本改善。

二、方案特色

163 字科学治水方案倡导科学系统、综合治理的治水理念和模式，内容十分丰富，是新时代三峡治水的精髓与科学遵从，充分体现了传统治水与新模式治水的不同。

一是从治水依据上看，传统治水是以行业规划为依据，三峡治水方案则以城市涉水综合治理规划为蓝图，按照"总体规划、分步分期实施"的原则，体现了综合治理和阶段性目标的系统考量。

二是从治水目标上看，传统治水以治标为主，以出水水质达标为目标。三峡治水方案则通过污水的全收集、全处理、全达标，实现河湖水环境质量整体根本性改善，体现系统、综合治理、标本兼治。

三是从产业链来看，传统治水最大的弊端就是"重厂轻网"，碎片化、末端化；三峡治水方案更加强调全产业链，实现厂网河湖岸一体化，泥水并重，解决产业链上下游互相推诿的问题。

四是从治理主体来看，传统治水一般都是分散式的，多投资、设计主体；三峡治水方案始终坚持政府、社会和企业是一个利益共同体，坚持一张蓝图干到底。

五是从行业标准与规范来看，三峡治水方案将从全产业链、全生命周期角度提出新理念、新模式、新机制、新动能、新技术、新标准。

六是从运营方式来看，传统治水是单项目独立运营；三峡治水方案是全域、全城或者多项目规模化整体运营。

七是从投资回报来看，三峡治水方案是保本微利，趋于公益，是政治效益、经济效益、社会效益与生态效益的协调统一和综合最优。

八是从发展方式来看，三峡治水方案坚持资源能源回收、循环、综合利用，按照自然生态化的原则来规划项目，最终将治水项目转换为能源资源厂、再生厂。

第三节　三峡治水模式

在 163 字科学治水方案的指导下，三峡集团秉持科学系统治水理念，践行"科学、诚信、健康、和谐"的治水价值观，持续细化深化"三峡治水模式"，努力实现治水整体性、根本性见成效。

2018 年江西九江现场会打响三峡集团参与城镇污水处理"第一枪"，2019 年安徽芜湖现场会正式推出长江经济带城镇污水治理"三峡模式"，2020 年江苏镇江现场会总结形成"央地协同、国企担当、创新合作、综合治理"16 字合作经验。2021 年三峡集团在参与共抓长江大保护工作第四次现场会上正式提出城市"水管家"模式，该模式成为"十四五"时期三峡集团开展城市治水业务的总抓手。在三峡集团的全力推动和地方政府的大力支持下，"水管家"模式在安徽六安、湖北宜昌、湖南岳阳、江西九江、安徽芜湖等多个城市逐步落地。

在当前城市水环境治理方式的转换期，为响应国家关于打好污染防治攻坚战，改善城镇人居环境，把更好满足人民日益增长的美好生活需要作为出发点和落脚点，在"十四五"期间实现"有河有水、有鱼有草、人水和谐"的美好愿景，进一步提升人民的幸福感、获得感与安全感的号召，三峡集团始终在不断探索完善、提炼创新长江经济带城镇污水"三峡治水模式"，形成了以管网为重点的城市"水管家"模式，推动开启中国水环境治理新局面。

一、"厂网一体"模式

通过试点先行，三峡集团在借鉴吸收大水电建设管理经验基础上，努力在规划、设计、建设和运营等全生命周期降低项目成本，基于行业存在的主要问题，探索形成了聚焦"厂网一体"的三峡治水模式，并基于因地施策、一城一策原则，在推广应用中形成了芜湖"厂网一体"、九江"厂网河一体"、岳阳"厂网湖一体"、武汉"厂网河湖岸一体"的治水模式。从芜湖"厂网一体"，到九江"厂网河一体"、岳阳"厂网湖一体"、武汉"厂网河湖岸"一体，3年来，长江流域的河湖变迁，印证了以"厂网一体"为核心的三峡治水模式逐步走深走实，也在不断探索可复制可推广的新模式和新机制。

(一)"厂网一体"模式内涵

针对城镇污水收集处理系统存在的问题，在规划先行、摸清家底的基础上，突出"厂网一体、系统治理"，按照"片区统筹、厂网一体、泥水并重"的要求，通过 PPP、BOT、EPC＋O 等商业模式，盘活存量、带动增量，全面实施污水系统提质增效。

(二)"厂网一体"模式特点

对厂站、网及污泥处理系统实施统一规划、统一建设、统一运维和统一监管。实现四大转变：从"处理水量"向"处理污染物负荷"转变；从"重厂轻网、重水轻泥"向"厂网一体、泥水并重"转变；考核污水处理厂从"出水指标"向"进、出指标"量质并重转变；从"污水处理、污泥处置"向"资源利用、能源回收"转变。根本改善城市污水系统质量和处理效率，为城市河湖水环境改善奠定基础，为城市经济社会绿色、循环和可持续发展提供支撑。

(三)"厂网一体"模式指标体系

排水管网指标：管网布局密度、管网健康指标、污水集中收集率、污水处理率。

污水处理厂指标：进水浓度、出水达标率、物耗指标。

资源利用指标：污泥处理处置及利用率。

能耗指标：污水处理用电量。

经济指标：污水处理厂单位投资、运行成本；排水管综合造价、运行成本。

服务功能指标：服务面积、服务人口等。

二、"厂网河湖一体"模式

(一)"厂网河湖一体"模式内涵

针对城市水环境污染严重、水体黑臭的问题，以流域水体水环境水质达标为目标，以污染物总量控制为依据，以"厂网一体"治理为基础，遵循"流域统筹、区域协调、标本兼治、系统治理"的原则，采取控源截污、内源治理、生态修复、引水活流、海绵城市打造和景观塑造等系统治理，理顺管理体系，制定政策法规和流域统一管理，保障城市水环境得到有效改善和长治久清。

（二）"厂网河湖一体"模式特点

对流域实施统一组织、统一规划、统一投资、统筹建设、统一运维和统一监管。实现六大转变：从局部治理向流域系统治理转变；从末端治理向源头治理转变；从单一措施向综合措施转变；从设施水量水质考核向河湖断面考核转变；从多龙治水向多龙协同治水转变；从工程措施向工程措施与非工程措施并重转变。

（三）"厂网河湖一体"模式指标体系

在"厂网一体"模式指标体系基础上增加以下2个指标。

（1）资源利用指标：尾水回用率、污泥资源化利用率。

（2）水环境指标：河段断面或湖泊水质监测点达标率。

三、"水生态系统综合治理"模式

（一）"水生态系统综合治理"模式内涵

为解决人民生活、经济发展与生态环境承载能力不协调等问题，以流域可持续发展为目标，以提升生态环境为基底，以历史文化为根基，以产业提升为导向，以和谐宜居为根本，通过环境治理、生态修复与资源利用、能源回收、景观塑造、文化传承、产业融合、智慧城市和流（区）域协调政策和机制等措施有机融合，把生态优势转化为发展优势，实现人与自然和谐及经济社会可持续发展。

（二）"水生态系统综合治理"模式特点

对流（区）域实施统一协调、统一规划、统筹建设、统一调度、协同监管和一体化机制。实现四大转变：从满足环境标准向高标准高品质引领转变；从污染物处理处置向资源能源循环利用转变；从流域环境治理向流域生态、生产、生活一体化协调融合发展转变；从水质指标考核向人的获得感幸福感转变。

（三）"水生态系统综合治理"模式指标体系

在"厂网河湖一体"模式指标体系基础上增加以下3个指标。

（1）生态指标：蓝绿空间比例、生物多样性。

（2）经济指标：单位面积绿色GDP。

（3）人文指标：居民满意度等。

四、城市"水管家"模式

（一）城市"水管家"模式内涵

三峡集团城市"水管家"模式的核心内涵是：以供排水为切入点，三峡集团作为第三方承担城市涉水系统治理目标和管理责任，对城市供水、排水、管网、防洪排涝、河湖等涉水设施统一规划、统一建设、统一运营、统一管理和统一调度，通过全域统筹、科学规划、精准投入和系统治理，并配合地方建立水价调整机制，推动城市水生态环境治理市场化，解决沿江城市水生态环境根本问题，实现城市水环境的长期稳定达标和持续改善，助力地方绿色低碳发展。

（二）城市"水管家"模式目标

城市"水管家"模式的实施将促使政府更有为、市场更有效，具体可总结为"降本、增效、筹资、明责"四个方面。"降本"，即要降低涉水系统建设运营成本，从规划、投资到建设、运维等所有涉水业务由一个主体牵头完成，通过精准投入、靶向治理，实现人财物成本降低和资源节约。"增效"，即要提高涉水系统运营效率效益，通过比当前常见水环境治理方式更大范围的系统统筹，三峡集团发挥专业化治理和公司化运作优势，提高运营管理效率，使资金投入回报更高、社会效益和民生效益更显著。"筹资"，即要发挥资本效用建立行业长效机制，推动供排水主体市场化改革，盘活存量水务资产，发挥更大效用，实现管网建设运营由政府付费向使用者付费转换，为地方财政投入提供优化空间。"明责"，即要明确和统一涉水系统责任主体，明晰政府、企业各方职责，由"九龙治水"向政府监督下的"水管家"统一治水转变，三峡集团从经济合同关系中单纯的乙方转变为地方政府更加依靠信赖的平台和抓手，保障城市水生态环境长制久清。

（三）城市"水管家"模式机制探索

三峡集团在长江大保护治水实践探索中，以"水管家"投资创新推动行业变革，逐渐显现出城市"水管家"模式的优越性和先进性，不断总结完善而形成城市"水管家"模式机制。城市"水管家"模式机制的主要核心是：以系统治理为思路，实现环境治理降本增效；以管网攻坚战为重点，补齐城市治水短板；以按效付费为路径，推动管网价格机制改革；以技术创新为手段，引领行业技术进步。

在城市"水管家"模式具体实践过程中，对城市及供水、排水、管网、防洪排涝、河湖等涉水设施，要按照"四个一"（一个城市、一张蓝图、一个管家、一套机制）、"五个统一"（统一规划、统一建设、统一运营、统一管理、统一调度）、"三个一体"（供排水一体、厂网河一体、投建运一体）的原则，通过建立全盘谋划、政企合作、机构建设、重点突破、科技创新、建管一体、规范运作等高效运作机制，实现主体明确、责任清晰、成本降低、效率提升，城市水环境长期稳定达标和持续改善。

1) 全盘谋划，高标准开展顶层规划设计

城市"水管家"落地规划先行，坚持"可持续、系统性、高质量"要求开展顶层规划设计是城市"水管家"工作的第一步，也是关键一步。重点构建以高水平规划引领，以高质量工程、高效率运营、智慧化赋能、一体化调度、可持续发展为支撑的创新顶层设计。

2) 政企合作，厘清"当家""管家"责任边界

城市"水管家"模式的落地是三峡集团作为企业和地方政府全面合作的重要成果。在合作中，应当明确双方责任，厘清政府作为"当家"、企业作为"管家"的职责边界，由政府履行规划审批、运维监管考核、按效付费职责，由企业履行涉水资产投资、建设、运维管理职责并对治理效果负责。为推进城市"水管家"合作落地，政府、企业双方应建立协调推进和工作调度机制，实现互利共赢。

3) 机构建设，专业化公司统建"水管家"实施

水管家公司是实施城市水务事项一体化管理的实体平台，公司化运作可以有效发挥规模化经营和专业管理效益。水管家公司由长江环保集团独资或与地方合资成立，通过市场化方式盘活存量资产，实现供排水等涉水业务的统一运营管理。作为法人资格的经济实体，水管

家公司自主经营、独立核算、自负盈亏。

4）重点突破，管网攻坚战带动价格机制改革

解决好城镇污水管网资金来源和可持续建设经营模式是"水管家"工作的重点之一。对此，三峡集团正在组建专业化的排水管网投资平台，专职开展长江干支流重要城市排水系统及其配套设施的投资、建设、运营。管网投资平台以资本金投入的方式进行企业化运作，建立以"准许成本、保本微利""政府监管、公开公示"为核心的运作机制，与地方政府共同探索可持续经营模式，助力打好城市排水管网攻坚战。

5）科技创新，先进理念带动高质量发展

高质量推动城市"水管家"模式落地，离不开先进科技的支撑。城市"水管家"将以绿色低碳、智慧韧性的先进理念策划生态环保项目，打造有展示度的科技创新亮点。城市"水管家"为生态环保领域先进技术的应用提供了广阔场景，同时将有效促进优秀科技成果的研发和转化。

6）建管一体，工程质量与运管效率同步提升

高质量的工程建设和高效率的运维管理是保障"水管家"可持续运行的必要路径。通过系统布局、精心策划，重点推进安全高效的供水设施、污水设施提质增效和城市排水防涝设施提标等工程建设，构建"厂网河湖岸一体化"的高标准、高质量、安全可靠、低碳环保的工程体系，为精细化运维管理打好基础。着力构建一体化、标准化、规范化和智慧化的运管体系，以水管家公司运营要求为基础，重点对业务管理协同、制度标准建设、运维管理模式、专业核心能力完善等方面进行强化。

7）规范运作，制度建设保障"水管家"长效运行

城市"水管家"是"十四五"期间三峡集团长江大保护工作的重要抓手，即将通过试点城市沿江推广。为规范城市"水管家"的实施管理，便于"水管家"模式、技术和管理方法的复制推广，城市"水管家"标准制度的制定和完善是必要环节。三峡集团正积极推进《城市水管家实施方案编制导则》《城市水管家服务规范》等系列城市"水管家"标准体系逐步建立。

五、"管网攻坚战"模式

（一）"管网攻坚战"模式内涵

水污染治理"根源在岸上，核心是管网"，管网是制约城镇污水治理提质增效的关键环节和突出问题，持续打好管网攻坚战，精心策划实施管网项目，助力地方彻底解决管网遗留问题。

（二）"管网攻坚战"模式特点

把解决管网问题作为主攻方向，抓住水污染防治的"牛鼻子"，坚持实施以管网为重点的城市水环境综合治理。以管网攻坚为主线，提升城镇污水治理效能；以市场机制为导向，探索建立管网价格机制；以精准投入为手段，科学践行"按效付费"模式。

（三）"管网攻坚战"模式核心任务

1. 推动管网价格机制改革

解决管网问题的根本办法，是按照"污染者付费"和"使用者付费"原则，建立管网

价格机制，走市场化道路。三峡集团与沿江地方政府先行先试，探索污水处理费市场化价格机制改革，逐步将管网建设运维成本纳入污水处理费定价成本，通过设置 10 年甚至更长的过渡期，逐步调增污水处理费进行覆盖，调价过程中，充分考虑社会承受能力科学设定调价幅度、周期，确保综合水费在人均可支配收入中的比重稳中有降，针对福利院、低保户等特殊困难群体制定减征、免征措施。通过价格传导将污水治理成本向用户侧疏导，推动实现污水处理"污染者付费、使用者付费"，探索建立涵盖污水收集处理、污泥处置全过程的定价、动态调整和费用保障机制。

2. 创新"按效付费"机制

现行污水处理厂付费计量标准为污水处理量，污水处理厂出水达标后就"旱涝保收"，付费与进水浓度高低、污染物削减量关系较小，"清水进清水出"现象频发。管网付费基本与管网工程实施后的效果无直接关系，更缺少有效计量标准，导致资金使用效率低。建立"按效付费"机制，改变传统按照污水处理量计量的付费模式，根据补齐污水管网短板后新增的污染物有效收集量和污水处理厂进水浓度提升结果向管网投资主体付费，达到预期收集量和浓度效果则正常支付，否则扣减相应费用，实现污水治理从"按量付费"向"按效付费"转变。

第四节　三峡治水成效

一、工作进展

三峡集团选取江西九江、湖南岳阳、湖北宜昌、安徽芜湖 4 个试点城市先行先试，实施一批长江大保护项目，并逐步将业务范围拓展到长江经济带 11 省市 85 个市县区，再到全江转段、全面铺开。截至 2021 年 12 月，三峡集团共抓长江大保护投入总计 1876.5 亿元，建设和投运污水处理厂（站）641 座，污水处理能力 422.2 万 m^3/d。其中已投运污水处理厂（站）158 座，合计污水处理能力 308.6 万 m^3/d，在建污水处理厂（站）483 座，设计污水处理能力 133.6 万 m^3/d。设计雨水、污水等管网长度 32 299.5km，设计直接服务城镇面积 4.6 万 km^2，直接服务居民人数 3564 万人。

二、工作成效

三峡集团坚持厂网一体、系统治理，以城镇排水系统为核心，将 71% 的投资用于城镇污水处理厂和管网。落地项目区域基本消除污水收集空白区，污水集中收集率提高 23%，污水处理厂平均进水 COD_{Cr} 浓度提升 15%，污染物削减量增加 16%。在长江经济带 11 省市，特别是 4 个试点城市，发挥骨干主力作用，带动其他社会资本共同参与，完成黑臭水体治理销号工作。随着项目的陆续建成投运，中央环保督察前期发现的典型问题、地方生态环境的显性问题已基本得到解决，沿江城市生态环境质量明显改善，有效推动长江生态环境发生转折性变化。

一是芜湖"厂网一体"显成效。芜湖市长江大保护以排水系统提质增效为工作重点，高质量开展新增项目建设，高标准推进存量项目提标改造，精细化做好存量管网排查修复。排查检测雨水管网 1512km，污水管网 722km，消除污水空白区面积 75.7km^2，城市合流制区域

改造面积 $7.6km^2$；城区污水处理能力提升明显，实际处理量提升 53%；基本消除厂区长期低负荷运行问题，80% 污水处理厂的进水 COD_{Cr} 浓度提升 30% 以上。

二是九江"厂网河一体"获好评。九江市长江大保护深入实践"厂网河一体"治水模式。基本消除城市污水收集空白区，城区污水日处理能力扩容 41%；雨污分流改造小区 297 个，已改造小区污水收集率从 60% 提升至 90%，晴天出水 COD_{Cr} 平均浓度从 97mg/L 提高至 279mg/L；聚焦两河（十里河、濂溪河）黑臭水体治理，十里河入河污染物总量削减 52%，COD_{Cr}、氨氮、总磷降低 90% 左右，全线黑臭水体销号。

三是岳阳"厂网湖一体"受赞誉。岳阳市长江大保护统筹厂网基础设施建设和湖泊水环境治理与水生态修复，实现厂、网、湖等要素联动。实施管网补短板及合流制溢流污染控制工程，普查排水管网 1680km，治理管网混接点 1086 处、缺陷点 1.5 万处，基本消除建成区的管网空白区域，城市管网密度由 $13.36km/km^2$ 提升至 $15.11km/km^2$，显著提升了污水集中收集率，相较于 2018 年，各污水处理厂实际处理总量提升了 62%；通过控源截污、清淤、生态修复等系统治理措施，东风湖水质从劣 Ⅴ 类提升并稳定在准 Ⅳ 类，省控断面稳定达标。

四是宜昌"两网共建"有进展。宜昌市长江大保护科学谋划水环境综合治理总体格局，摸清管网家底，开展河流水系网络系统调查，统筹推进污水处理厂网和生态水网"两网共建"。检测管网 793km，预期实现市政污水管网 100% 覆盖；切实解决柏临河流域 $478km^2$ 内生态基流缺水问题，提升水环境容量，促进水质稳定达标。

五是武汉流域系统治理翻新篇。武汉市长江大保护探索"四统一、两统筹"流域治理模式，在汤逊湖综合治理中创新流域水环境治理机制体制，形成了"大流域统筹、小流域分区、差异化施策"的技术路线，以及"控源截污、内源治理；水网构建、引水活水；水质净化、生态修复；创新机制，加强管控"的措施体系，推动陆域水域、行政区、各行业同时发力，预期实现汤逊湖流域水环境整体根本性改变。

六是其他合作城市出现新亮点。六安市长江大保护基本消除建成区管网空白区域和合流排水区，污水集中收集率提升了 60%，污水日处理能力由 18.5 万 t 提升至 41.5 万 t，14 条城市黑臭水体全部通过住建部"长治久清"考核，基本实现城区水清岸绿建设目标。重庆市长江大保护设计新建、改造、修复雨污管网 4000km、供水管网 2550km，新增污水日处理能力 41 万 t，项目实施完成后，重庆管网覆盖率将增加 20% 以上。

七是实现城市"水管家"模式创新。三峡集团作为长江大保护的实施责任主体及龙头骨干企业，已与沿江 24 个城市签订城市智慧水管家和综合能源管家合作框架协议，在六安、岳阳、宜昌、九江 4 个城市稳步开展试点，后期将逐步在长江沿线各大城市进行全面推广。

第二章　流域水环境系统治理

第一节　治理思路

流域水环境综合治理是一个复杂庞大的系统工程，需要多学科、多部门联动，需要政府与企业紧密相联，确定合理的技术路线，逐级层层推进，才能达到综合治理的目的。

2020年11月14日，习近平总书记在南京主持召开全面推动长江经济带发展座谈会，明确要求加强生态环境系统保护修复要从"生态系统整体性和流域系统性出发，追根溯源，系统治疗，防止头痛医头、脚痛医脚"。

2021年12月发布的《"十四五"重点流域水环境综合治理规划》中指出流域水环境综合治理要以"系统治理，协同推进"为原则，要求"坚持山水林田湖草沙生命共同体理念，从流域生态系统整体性出发，以小流域综合治理为抓手，强化山水林田湖草沙等各种生态要素的系统治理、综合治理，以河湖为统领，统筹水环境、水生态、水资源，推动流域上中下游地区协同治理，统筹推进流域生态环境保护和高质量发展"。

长江环保集团引入全新的流域水环境综合治理规划策略和思路，体现流域规划的前瞻性、科学性和整体性。总体治理思路如下：

（1）因地制宜，标本兼治。针对项目实际问题及成因、当地自然人文环境条件和地区经济发展水平，综合应用控源截污、内源治理、水体提质、生态修复、活水循环等技术措施，全面改善水环境质量。

（2）流域统筹，系统施策。以项目范围河湖流域汇水区为基本单元，对水域陆域、岸上岸下问题进行整体分析，结合源头、过程和末端全过程系统治理措施，实现区域整体效益最优和水环境、水安全、水生态等多重目标。

（3）生态改善，长效保持。多渠道科学开辟补水水源，改善水动力条件，修复水生态系统，提升水体自净能力，实现城市水环境持续改善。

（4）近远结合，分步达标。围绕长期水质目标，制定长期达标方案，立足阶段性水质目标，有序推进治理措施。

第二节　技术路线

针对河湖水系水污染严重、水环境问题突出的现象，按照"控源截污、内源治理、生态修复、活水循环"的技术路线（见图2-1），制定以问题为导向的流域水环境综合治理方案，对点源和面源污染分别提出针对性的控制策略，同时辅以水环境综合整治工程，提高河湖生态自净能力。

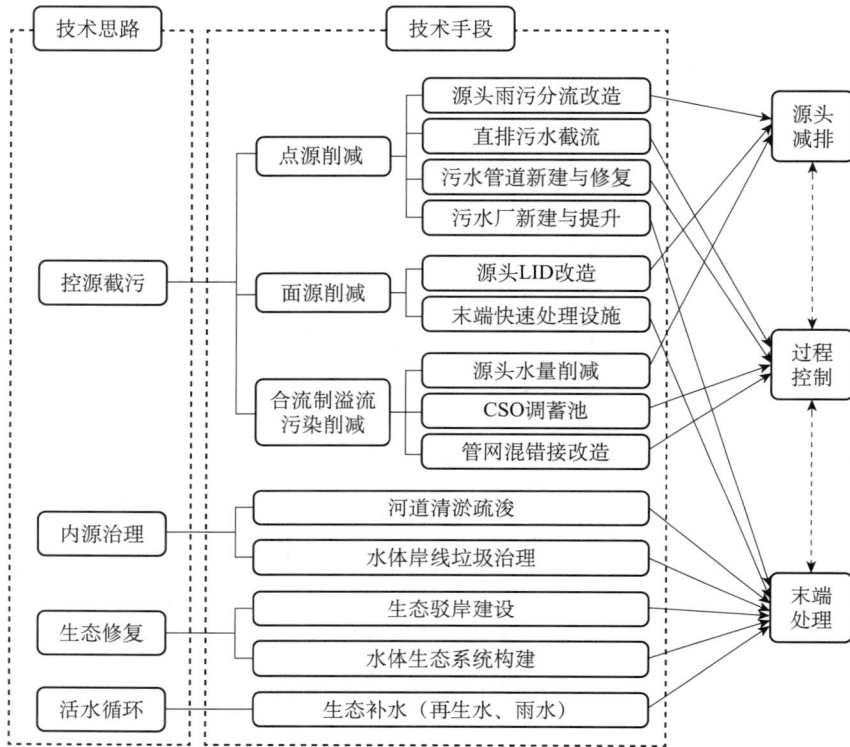

图2-1　技术路线

（1）控源截污。针对点源污染直排问题：通过完善污水管网系统建设，提高污水收集处理率；结合排水规划，新建污水处理厂，增加污水处理能力；对现有污水处理厂进行提标改造，进一步提高污水处理厂出水水质标准。针对面源污染问题：通过源头以及末端相结合的系统化工程，削减径流污染物，达到面源污染物削减要求，减轻水环境压力。针对合流制溢流污染问题：进行源头小区雨污分流改造、市政管网混错接（混接、错接）改造，同时辅以合流制溢流污染（CSO）末端调蓄等措施，多管齐下控制合流制溢流污染。

（2）内源治理。内源污染治理是通过物理、化学方法，对河湖沉积物中的营养盐（氮、磷）进行消除或者钝化，国内外学者针对内源污染，建立了以底泥污染诊断、底泥疏浚与原位钝化为核心的技术体系。针对部分河湖底泥淤积、内源污染严重的问题，通过清淤疏浚工程，对水体内淤积的污染物和岸线的垃圾进行清理。

（3）生态修复。河湖水生态修复的根本在于重建健康的水生态系统，恢复良性生态过程。通过河湖生态水位调控、入湖污染缓冲净化、河湖生境改善和水生植物群落结构配置等工程措施，构建与修复以本地种为主的水生态系统，同时通过改善河湖连通性和水动力条件，完善河湖生态系统食物链组成，增强水体生态自净能力、改善水体富营养化水平，抑制蓝藻水华的发生。城市河湖水生态修复与研究需要基于流域尺度及全生命周期的时空维度展开，制定科学的河湖水生态长效管理机制和方案，保障水生态系统长期健康稳定和水环境长制久清。

（4）活水循环。对于缓流河湖水体，或内部联系减弱的河湖水系，通过生态补水、水系连通等工程，保证水体生态基流，恢复河湖内部水体的联系，提高河湖水动力，提升水生态系统的多样性，从而最终实现河湖水生态环境的修复和改善。

第三节　典型案例

一、芜湖市朱家桥污水系统提质增效解决方案（"厂网一体"的城镇污水治理模式）

（一）主要问题

1. 雨污分流推进缓慢

芜湖市目前有 6.7km² 的老城区域受条件限制，雨污分流改造困难，仍然采用截流式合流制排水体制，截流混合污水通过污水提升泵站进入下游污水收集干管。从排水用户源头到污水收集主干系统存在不同程度的混接，雨污混接导致雨污水未能各行其道，清污不分流、雨污不分流，导致水体黑臭，污水处理效能低下。

2. 多头管理权责不清

污水系统的建设、管理、运行、维护、改造由不同部门负责。污水管网、泵站、污水处理厂由市重点局、区建委、各开发区等部门分散建设，缺乏统筹监管，建设质量标准参差不齐；泵站运行由市政管理处负责，污水处理厂由国祯环保等单位负责运行，缺乏合理调度，浪费行政资源，降低行政效率。多头管理的制度问题多年未解决，体制机制不顺造成诸多掣肘。

3. 污水规划执行薄弱

芜湖市污水管网的建设没有完全遵循污水专项规划的指导，存在随意更改污水管网规划走向、抬高管网标高、道路改造不同期敷设污水管等现象，导致地块污水接不进市政污水管、污水泵站和管网超负荷运行等一系列问题。

4. 结构性缺陷、管井渗漏严重

局部地区（如城东片区）管道结构性缺陷、管井渗漏现象突出，由此导致水土流失，地下水挟带流沙进入管道，一方面加剧管道与污水处理厂处理量负荷，另一方面日积月累导致地层结构失稳。

5. 污水系统长期高水位运行

由于地下水渗入、地表水体倒灌、泵站和污水处理厂缺乏合理调度等多方面原因，朱家桥污水主干管网系统目前长期处于高水位运行状态。由于污水管内水位过高，造成沿水系已建或待建的截污系统难以使用，或达不到预期的截污效果，污水在管道内积存，遇到暴雨时，管网中大量污水经溢流口排入水系，造成水体黑臭。

6. 排水管道清理维护不力

现有芜湖市排水管理侧重于排涝安全、水位控制、闸堰开启、河道保洁等方面，水质监测网络尚不健全。排水系统管养体制不完善，管养分离，缺乏有效监管，管养方法传统、装备简陋，不能保证全面、及时地养护。

（二）治理方案

芜湖市朱家桥片区污水系统治理项目先行先试"厂网一体"模式，从根本上解决城镇污水处理问题，按照"摸清家底、提质增效、生态筑基、资源利用"的四维度的厂网一体化模式实施治理。

1. 摸清家底，全面排查城区污水管网

通过采用 QV 检测（电子潜望镜检测）、CCTV 检测（闭路电视检测）、声呐检测、人工目测观测等多种技术手段，摸清雨污管网现状，准确探明排水管道的平面位置、埋深、走向、管径及材质、雨污混接、管网缺陷等信息，调查检查井及管网水位、淤积程度等信息，诊断管道状况，形成管网基础台账。

2. 提质增效，推动厂网一体化建设

实施雨污分流改造、管网完善建设、管道整治修复、污水处理厂提标扩建 4 类项目，在"收污水、排外水"的同时，提高污水集中处理效能。

通过雨污分流改造，一方面减少雨水进入污水管网，削减污水系统负荷，提升污水处理厂进水浓度；另一方面，防止污水进入雨水管道，遏制水体黑臭的主要污染源。通过管网完善建设，消除污水管网的空白区，使建成区实现污水全收集、收集全处理的目标。通过管网整治，使污水管网排水通畅，减少清水入渗管道，强化"清水入流"管控，确保排水管网的安全运行。通过污水处理厂提标扩建（见图 2-2），在增加污水收集率的同时，提升污水系统处理能力，实现应收尽收，减少管网"满管"和"溢流"现象。

图 2-2　朱家桥污水处理厂扩建

3. 生态筑基，提升水体生态自净能力

为进一步提升污水处理厂出水水质，通过"潜流湿地+强化潜流湿地+表流湿地"等工艺措施，对朱家桥污水处理厂尾水进行深化处理，尾水处理后水质可达地表水Ⅳ类标准，将补充至保兴埠、板城埠，从而提高河道水动力，进一步起到活水保质的作用。

4. 资源利用，创新绿色能源循环发展

以芜湖光伏项目为试点开展"环保+光伏"业务模式创新，充分利用污水处理厂空间资源，进行探寻清洁能源与生态环保业务的结合点、契合点的有益尝试。污水处理厂光伏发电项目采用"自发自用，余电上网"的运行模式，规划装机容量22.868MW（峰值功率），每年可向大保护项目提供绿色电能超2000万kW·h，减少二氧化碳排放约1.59万t。

（三）治理成效

（1）污水收集率显著提升。朱家桥污水处理厂2018年污水收集率为73.8%，2021年提高至83.6%，提升比例达到13.3%。

（2）消除污水直排，污水处理厂进水浓度显著提升。通过实施管网补短板工程，已基本消除生活污水直排口，同时2021年以来各污水处理厂进水浓度相比之前得到了显著提升。

（3）污水处理能力增强，污水溢流口消除。朱家桥污水处理厂经提标扩容工程后，保障了出水水质达标排放，解决了区域日益增长的污水处理需求，大幅度削减了污染物的排放量。朱家桥三期扩建完成后板城埠、保兴埠流域范围内实现了旱天和小雨不溢流，解决了每天4万t污水直排外环境问题，圆满完成了长江经济带生态环境警示片反映问题的环保销号任务。

（4）城市水环境进一步提升。截至2020年底，建成区范围内黑臭水体全部消除，并全部通过生态环境部和住房城乡建设部"初见成效"验收和全国城市黑臭水体治理监管平台"长制久清"材料审核。

二、九江市十里河黑臭水体系统治理解决方案（"厂网河一体"的城市水环境治理模式）

（一）主要问题

1. 点源及面源污染

十里河两岸在本项目实施前已建立了截污干管，取得了一定的成效，但是污水直排、雨天合流制溢流污染以及初期雨水污染仍十分严重，目前主要存在以下问题：

（1）仍然有污水通过河道两岸排口直接入河道，对水体水质造成严重影响。

（2）污水截流设施简陋，难以控制截流水量和截流水质。

（3）部分雨水排口位于常水位以下，污水截流设施受河水倒灌及外溢影响。

（4）初期雨水无任何收集处理设施。

（5）河道表面漂浮部分生活垃圾，导致河道水质恶化。

2. 内源污染

由于十里河淤积严重，尤其是下游十里河公园段，淤泥较厚，已呈厌氧发酵状态，有关政府部门对河道进行了清淤，但受制于经费、人力等其他因素的影响，清淤不彻底，工作不到位。河道底泥中总氮、总磷等污染物浓度较高，河道已滋生蓝藻等水生植物。因此，河道底泥及水生植物形成的内源污染也是导致十里河水质不良的重要因素。

3. 水体自净能力差

"流水不腐，户枢不蠹"，十里河下游及拦水坝上游处水体流动性差，水面直接复氧量有限，又增加了十里河的河道淤积，水体自净能力差。

4. 生态建设滞后

由于城市用地限制，十里河除十里河公园一小段为生态护坡以外，两岸护坡大部分采用浆砌石挡墙，水体生态系统难以实施，未形成良好的生态链，河道的生态性差。

5. 长效管理机制不足

九江市目前的排水设施建设及养护单位职能分散，导致管道的建设没有统一的管理和标准，雨污混接较为严重，且管道建设质量较差，维护不善，导致很多排污管道淤堵或破损，使管道排水能力大大降低。此外，十里河沿线大量居民垂钓，沿线垃圾也较多，也使得河道的水体环境不断恶化。

6. 上游景观效果差

十里河上游周边地域多未按规划实施，河道两侧植被以草本植物为主，整体较单一，且布局杂乱，未形成有机整体，景观效果较差。

（二）治理方案

1. 治理目标

1）水安全目标

十里河城区段（莲花大道以下）防洪标准采用50年一遇，考虑与下游八里湖堤防等级衔接（防洪标准50年一遇，堤防等级为3级），本区段堤防等级确定为3级。

2）水环境目标

截至2020年底，十里河水体黑臭消除，透明度 >25cm、溶解氧 >2mg/L、氧化还原电位 >50mV、氨氮 <8mg/L。

3）水景观目标

构建以十里河为主脉，以功能活动为载体，以景观空间为语言，打造一个创新感官体验的城市多功能综合体。

4）综合目标

具有防洪排涝功能的安全水系格局；能够解决水环境污染问题，达到水环境功能区划的要求；营造多样的生态体验；创造优美的景观体验，构建一个功能多元化和集体运营高效化的城市滨水绿廊，展开十里河、濂溪河景观新篇章。

2. 总体思路

十里河流域系统综合治理工程坚持流域统筹、区域协调、系统治理、标本兼治的原则，加强"厂网河（湖）岸一体"化水环境建设，通过构建污水系统，保证旱天污水不入河；构建合流制溢流污染控制体系，保证雨天污水少溢流。结合河道清淤和垃圾打捞实现对内源污染的控制，保证河道底泥不上浮。通过活水保质、水生态构建、湿地建设、海绵城市系统构建提升河道的自净能力，兼顾河流的水景观提升和改造，构建蓝绿交织的海绵型河道，全方位保障十里河流域水环境质量整体根本改善。

3. 治理方案

十里河流域水环境系统综合治理以现状问题为导向，针对水环境、水安全、水生态以及水景观这4个"水问题"，分别探究其原因，制定相应对策，再从各个层面一一解决，以达到水清、河畅、岸绿、景美的目标。治理方案见表2-1。

表2-1　十里河流域水环境系统综合治理方案

问题	原因	对策	目标
水环境问题	合流排放污染	雨污分流改造	水清
	初期雨水污染	雨水调蓄	
	底泥内源污染	生态清淤	
水安全问题	堤防高度不足	断面复核调整	河畅
	河道侵占，过流不足	河道清淤拓浚	
	堤防结构破损	新建或加固护岸	
水生态问题	河流间歇性断流	水源补给	岸绿
	护岸硬质化	生态改造	
	水生态系统退化	湿地建设	
水景观问题	亲水空间不足	整体风貌策划	景美
	景观缺乏整体规划	景观梳理和提升	
	慢行系统缺乏	公共空间系统建设	

1）控源截污

控源截污具体指沿岸的截污最大化、雨季初期雨水收集处理最大化，目的是最大程度降低排河污染物总量，减少河道环境容量的负荷。沿线截污，提高污水收集率，纳入污水处理厂统一处理，杜绝污水直接排入河道，从排水设施实施标准及措施上降低对十里河、濂溪河的污染物总量负荷，有效削减面源污染，减少水体污染，改善水环境质量。

为达到从根本上削减排河污染物总量的目标，本工程开展了小区雨污分流改造、主干截污管及二级管网新建与修复、沿河直排口整治、新建初雨调蓄池等一系列控源截污治理措施，主要包括：

（1）小区改造：对片区内77个小区进行改造，针对合流制小区开展雨污分流工程，将小区内部现有合流管改造为雨水管，新建污水管道收集小区内的污水，实现雨污分流；分流制小区进行混接点改造，杜绝雨污混接现象，同时修复破损管道并清理管道、雨水口和检查井内垃圾、淤泥等杂物，确保管道完好和通畅，保障过水能力。

（2）管网工程：结合周边排水管道现状，新建部分截污管及二级管网，对部分缺陷严重的管道采用紫外光固化、机械制螺旋缠绕等技术进行非开挖修复，共新建与修复市政二级管道12km，新建十里河截污管18.64km，修复7.04km。

（3）调蓄池建设：建设CSO调蓄池及初雨调蓄池，控制合流制溢流污染总量及初期雨水污染的入河总量，雨天拦截暴雨中携带的影响水体外观的漂浮物，晴天截流混接污水，确保污水完全纳管，有效控制面源污染。调蓄池建设概况见表2-2。

表2-2 调蓄池建设概况

名称	类型	规模/（m³/d）	服务面积/hm²
1号调蓄池	CSO调蓄池	5900	74.3
2号调蓄池	CSO调蓄池	10 800	135.9
4号调蓄池	初雨调蓄池	6158	184.7
7号调蓄池	CSO＋初雨调蓄池	7100＋2200	89.6＋50.1

（4）污水处理厂建设：本工程新建两河地下污水处理厂，服务两河南片区，服务面积 10.19km²，片区改造完成后为完全分流制系统，污水处理厂处理规模3万 m³/d，采用"AAOAO生物池＋高效沉淀池＋深床滤池"处理工艺，出水水质达准Ⅳ类后排入十里河、濂溪河进行河道生态补水。新建鹤问湖污水处理厂二期工程，设计规模7万 m³/d，采用"AAOAO生物池＋高密度沉淀池＋滤布滤池"工艺，出水水质达一级A标准，与一期尾水（10万 m³/d）合并排放长江，实现整个片区污水的末端处理。

2）内源治理

河道大量的污染底泥的存在是个潜在的巨大污染源，在很长时期内将对水质改善及生态恢复产生不利影响。本工程综合考虑底泥分布、污染特征、地质分层状况、水质、底质、水生态多种因素后，对十里河、濂溪河及其支流现状污染底泥进行清理，同时尽量保护河道原有的生态系统，为水生生态系统的恢复创造条件。

3）生态修复

在生态完整性的基础上，根据十里河河道形状及来水等情况，将十里河水系从上游至下游分为自然生态段、生态整治段、生态柔化段、生态净化段及生态修复段5类功能区段，结合各段河道的环境特征进行水环境提升及水生态系统的建设。

（1）自然生态段：建设重点为岸坡防护及现有的较好生态基底保护性修复。

（2）生态整治段：建设重点为生态亲水岸线构建、河道疏浚、叠瀑充氧等。

（3）生态柔化段：建设重点为护岸柔化及生态改造、沿河绿带及河道断面优化等。

（4）生态净化段：建设重点为河道补水水质提升及生态湿地带构建等。

（5）生态修复段：建设重点为全面自然化生态修复、底泥生态清淤等。通过河道生态建设，生态浮床设置、生态护坡以及滨水湿地建设，涵养水生生物，构建良好生物链，增强河道水体自净能力。

4）活水保质

为解决十里河景观用水水量不足问题，保持良好的河道生态条件和景观风貌，通过上游水库补水，两河地下污水处理厂补水，改善中下游河段的水动力学条件，增强水体自净能力。

通过对现状问题逐一解决，打造水清、河畅、岸绿、景美的十里河，实现水安全、水环境、水生态、水景观的目标。

（三）治理成效

1. 河道水质显著提升

经过全方位系统性治理，十里河流域综合治理工程已初见成效，十里河及濂溪河的河道水质均得到了明显改善，如图2-3所示，截至2021年8月，十里河氨氮降至1.5mg/L，溶解氧提升至7.35mg/L，氧化还原电位提升至430mV，透明度提升至40cm。十里河综合治理完成后，水体已全面消除黑臭，氨氮、化学需氧量、溶解氧等主要水质指标已达到地表水IV类标准。

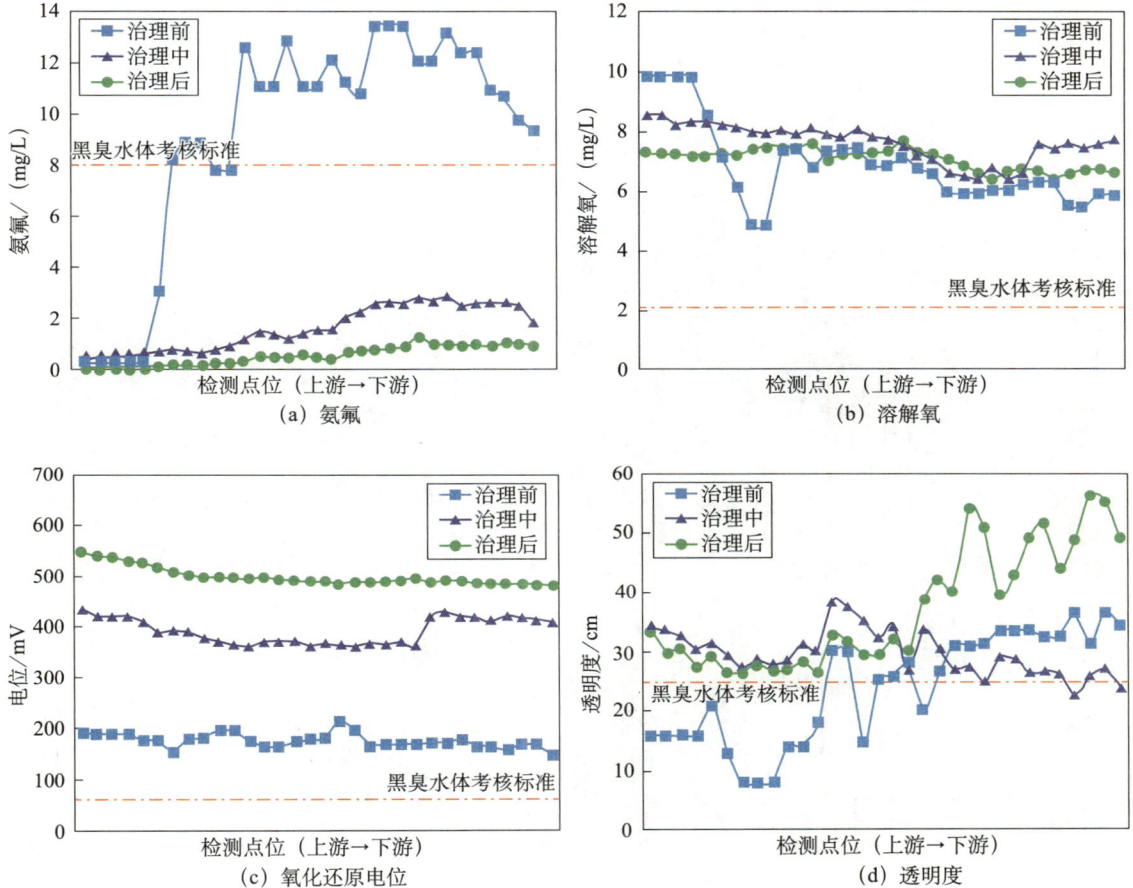

图2-3　治理前后水质变化

2. 小区改造成效显著

九江十里河项目改造源头小区77个，主要进行混错接、雨污分流改造和污水浓度提升工作，一方面从源头消除污水直排，提升河道水质；另一方面通过污水管道新建和修复、化粪池废除、优质碳源收集，从源头提升污水系统浓度。小区改造后，小区污水系统出口COD_{Cr}浓度明显提升，80%的小区污水系统出口COD_{Cr}浓度由小于100mg/L提升至大于200mg/L，近50%的小区污水系统出口COD_{Cr}浓度达到300mg/L。这意味着小区改造后污染物收集率显著提升，可有效提高污水处理效率。

3. 污水处理能力提升

鹤问湖污水处理厂二期工程、两河地下污水处理厂建设完成后，新增污水处理量10万m^3/d，促进污水收集全处理，缓解九江市污水处理厂运行压力，增加污染物去除总量，大幅削减入河污染，污水处理能力大幅提升。

4. 社会效益充分展现

十里河流域生态景观建设、科普展馆建设初见成效，统筹实现了流域内水安全、水环境、水生态、水景观和水文化的建设，如图 2-4 所示，将十里河打造成了水美岸绿、亲水宜人的绿色之河、人文之河、生态之河，提升了居民的幸福感和获得感。

图 2-4 十里河治理后效果

三、岳阳市东风湖水环境系统治理解决方案（"厂网湖一体"的城市水环境治理模式）

东风湖（含吉家湖）流域位于岳阳市主城区的西北部，地处洞庭湖与长江交汇口，流域面积为 17.3km²。东风湖为东风湖新区的城市内湖，无上游来水汇入，其补水来源主要为流域内地表径流、壤中流、湖面降雨补给、地下水补给及环湖周边城市排水等。治理前东风湖平均水质为劣 V 类，为轻度黑臭水体，沿岸直排口众多且有部分湖泊用地被侵占用于农业生产，雨季存在大量的溢流污染，东风湖水动力条件极差，生态系统受损。

（一）主要问题

（1）内源污染、面源污染：东风湖水质为劣 V 类，水体黑臭，重度富营养化，湖泊底泥淤积较为严重，存在底泥污染。

（2）点源污染、合流制溢流污染：东风湖流域各片区大部分排水体制为合流制，排水管网混接错接情况较多，湖泊沿线有大量污水直排口、合流制溢流口、混接雨水排口等，对东风湖水质造成直接影响。

（3）生态受损：东风湖岸线生态环境较差，部分沿岸存在生活垃圾和建筑垃圾，生物量较低，生态系统受损，湖泊自净能力较弱。

（4）东风湖水系连通性不够：上湖、中湖和下湖之间基本隔绝，没有稳定的外来水源补给，水动力条件极差。

（二）治理方案

1. 治理目标

东风湖系统治理的目标为：近期目标，消除东风湖黑臭水体；远期目标，在2025年，实现东风湖地表水Ⅳ类水质的目标。

2. 总体思路

根据东风湖现状与存在的问题，结合湖泊治理的目标，立足东风湖流域，整体统筹谋划，拟定东风湖系统治理的总体思路是"控源截污、内源治理、生态修复、活水循环、长治久清"。

3. 具体方案

东风湖系统治理按照"控源截污、内源治理、生态修复"的思路分两期进行：一期包括排口强化治理工程、马壕纳污片区提质增效一期工程、青年堤调蓄池工程、高家组调蓄池工程、底泥疏浚工程及上上湖水生态治理工程共6个子项，一期工程大部分已施工完成；二期暂未完成设计工作。一期工程如下：

1）排口强化治理工程

排口强化治理工程属于"控源截污"的范围，针对的是青年堤溢流口、马壕溢流口等7个合流制溢流口及洞庭大道与湖东路周边6个雨水排口的强化治理措施。工程总体设计方案为在7个溢流排口外的东风湖湖体布置"强化耦合膜生物反应器（EHBR）＋复合纤维浮动湿地"，在6个雨水排口雨水管末端布置旋流沉砂器。

2）马壕纳污片区提质增效一期工程

马壕纳污片区提质增效一期工程已实施的主要内容包括截污纳管、雨污分流改造，属于"控源截污"的范围。具体包括：沿湖新建截污干管DN500~DN1200，结合现状已建截污干管，设置3倍截流倍数，雨季截流合流制污水进入马壕污水处理厂；洞庭大道和湖东路已建设截污管网DN1500共计2639m，与新建截污干管结合；市政道路雨污分流改造管网50.6km；小区雨污分流60个，面积220.83hm²。

3）青年堤调蓄池工程

青年堤调蓄池工程主要是为解决青年堤污水直排口及马壕污水处理厂溢流口污染问题，属于"控源截污"中合流制溢流污染控制的范围。CSO调蓄池设置于马壕污水处理厂西南侧，分2格，2格独立运行，单格容量为15 000m³，进水由截流井自流进入，出水采用水泵提升至磁混凝澄清池或马壕污水处理厂二期。调蓄池上方设置除臭系统及磁混凝澄清池系统。本工程对应纳污面积481.23hm²。降雨5.7mm以内的合流污水经截污管全部进入污水处理厂进行处理，降雨超过5.7mm的合流污水进入调蓄池进行调蓄，降雨超过17.1mm的合流污水溢流进入东风湖，全年溢流次数少于20次。

4）高家组调蓄池工程

高家组调蓄池工程主要任务为通过高家组调蓄池的调蓄，减少高家组箱涵在雨季溢流入东风湖凉亭山水库的污水，属于"控源截污"中合流制溢流污染控制的范围。主要建设内容包括2个截流井、1个一体化泵站、高家组调蓄池和配套管网。在高家组箱涵末端布置1、2号截流井和一体化泵站将旱季污水输送入环湖截污管网。在2号截流井后布置调蓄池，在雨季截流管道内的溢流污水。本工程对应纳污面积285.38hm²。旱季时，高家组合流制箱涵的污水截流提升进入东风湖截污干管，最终进入马壕污水处理厂进行处理。雨季时，合流制箱涵来水流量≥10 000m³/d时，超标超量污水进入调蓄池，调蓄池蓄满后，溢流进入东风湖。

5）底泥疏浚工程

底泥疏浚工程主要任务为对东风湖全水域进行清淤，属于"内源治理"的范围。东风湖底泥污染类型为高氮磷污染底泥，污染物主要受周边排污和湖内水产养殖影响，根据污染物（主要是TP和TN）垂直分布规律及分层变化，清淤深度控制上尽量包含污染物含量高的部分，同时保证疏浚后的新出露层面污染物含量较低。生态清淤的设备主要采用环保绞吸式挖泥船，根据施工设备的运行要求，控制清淤深度一般不低于0.1m，区块的平均清淤深度一般不低于0.20m。疏浚土方通过管道输送至排泥区域，并在排泥区域进行固化处理后再运输至填埋区堆放。疏浚土方总量约125.58万 m³，真空预压及板框压滤后干化淤泥总量约87.65万 m³。

6）上上湖水生态治理工程

上上湖水生态治理工程属生态修复中"水生态系统构建"的范围。本工程的目标为水体感官良好、无异味，水体透明度80cm以上，水生植物空间分布合理，水景观得到明显提升。本项目采用集成水生植物修复技术、水生动物修复技术、微生态修复技术、曝气复氧技术（由东风湖二期项目实施）为一体的水环境生态修复技术。采用在湖区构建水生态系统和专业长效的运行管理相结合的技术路线，最终达到水体长效稳定净化目的。

本工程总体布置为：在上上湖清淤完成后，对上上湖进行湖底地形重塑，在湖中布置暗岛和生态稳定沟，以丰富湖体的生境；植物种植区域填方普通土及种植土至设计高程，以提供植物生长的生境；对设计范围内边坡进行岸坡稳定，以防止东风湖水位变化对边坡消落带造成冲刷；在上上湖湖底和岸坡种植沉水植物及多年生草本植物，提高水体自净能力，在上上湖水体中投放微生物菌剂、浮游动物、大型底栖动物和鱼类，逐步实现受污染水体生态系统结构和功能恢复。具体包括：填筑4个暗岛，总面积4706m²；开挖4条生态稳定沟，总长度750m；岸坡稳定长度306.89m；植物种植面积31 763m²；投加底质改良剂、浮游动物、底栖动物、鱼类。

（三）治理成效

通过实施控源截污、内源治理、生态修复等一系列措施，东风湖系统治理成效较为显著，污染物排放总量得到了有效削减，逐步补齐了污水管网短板，提高了污水收集效能，东风湖治理已实现了"消除东风湖黑臭水体"的近期目标。东风湖主要超标因子COD_{Cr}（浓度范围20～43mg/L）、总磷（浓度范围0.05～0.54mg/L），通过系统治理，湖泊水质从劣Ⅴ类（2018年）水体，逐渐改善到Ⅳ类（2020年7月），截至2021年5月提升并稳定在Ⅳ类，湖泊水质得到明显提升，生态环境得到明显好转，如图2-5所示。

（a）治理前

（b）治理后

图 2-5　东风湖黑臭水体治理前后对比

经过治理的东风湖，水质得到明显提升，生态环境得到明显好转，两岸景色优美宜人，居民经过河道时从原来"躲着走"，转变到现在"慢起来"享受两岸景色，居民的获得感、幸福感得到显著提升。2021 年 6 月 5 日世界环境日湖南主场活动现场，东风湖被湖南省生态环境厅授予"美丽河湖优秀案例"称号，成为全省 20 个美丽河湖之一，治水模式在省域范围内进行推广。

四、六安市城市水环境系统治理解决方案（"水管家"示范城市水环境治理模式）

（一）主要问题

1. 原水与供水系统

城市水源单一（淠河总干渠），供水安全性不高；管网布局不尽合理，主干系统存在优化空间，互联互通有待加强。供水市场未整合，缺乏统一有效管理，尚未形成城乡供水一体化，不符合国家政策导向。规划区内小水厂较多、重复建设、标准较低，存在供水隐患。

2. 排水管网系统

分流制排水体制城市，地块排水单元混接现象严重，雨季超量雨水混流进入市政排水管网，大幅降低污水处理厂进水浓度，部分污水干管下游段产生大量冒溢。排水系统本底差，建设系统短板多，管道大小管、逆坡现象普遍，功能性缺陷密度高，阻滞点较多，管道 3、4 级结构性缺陷占比较高，外水入渗比例高，污水处理厂网效能低。临河雨水排口应急封堵后未及时拆除，阻断了城市雨水的正常排放需求。泵站运行情况不理想，污水出路不通畅。前期管网整治缺乏统筹规划，各新区管网建设情况缺乏总体规划指引，易造成无序建设，新旧管道无法接驳，权属不清，管养困难。

3. 污水处理系统

污水处理能力不足，存在污水溢流入河现象，特别是中心城区主要的 2 座污水处理厂均已满负荷运行。污水处理厂进水浓度偏低，平均进水 COD_{Cr} 小于 150mg/L，部分污水处理厂更是低于 100mg/L，导致污水处理效率低。

4. 防洪排涝系统

部分雨水排放系统不完善，存在排涝泵站未建设的现象，部分排水管网设计标准低、管径小，极易造成短时间的积水内涝。雨水排水标准不一，达标率低。排水设施管理不规范，存在诸多内涝隐患。

5. 河道水环境系统

黑臭水体治理缓慢，枯水期水量小，补水量少，易造成水动力不足导致水体返黑。排口控源截污不彻底，雨天溢流导致河道淤积严重。部分河道浮泥现象严重，河道水生植物稀少，生态功能退化，水体自净能力差。

6. 污泥及固废系统

污泥缺乏稳定的处理处置的消纳路径，部分污泥处理处置去向不明，存在较大的环保风险；部分采用简易填埋的处理方式，未遵循绿色低碳的原则。

（二）治理方案

1. 总体思路

在厂网河一体、供排涝一体和投建运一体指导方针下，坚持流域统筹、区域协调、系统治理、标本兼治的原则，通过源头治理、管网修复、扩容增效、消黑治黑以及生态湿地等措施，对涉水项目进行全域系统治理，保障城市水环境质量整体根本改善。形成六安治水新模式，为沿江城市提供借鉴。

2. 具体方案

六安水环境综合治理按照"从源头到末端系统治理"的思路分两期进行，其中一期项目主要补齐城区污水收集处理设施短板，二期项目深化中心城区污水系统提质增效，推进系统治理，促进供排涝一体化。

1）凤凰桥污水处理厂二期工程

凤凰桥污水处理厂总设计规模 9.0 万 m³/d。一期设计规模为 4 万 m³/d，现已满负荷运行；二期工程将水厂的处理规模提至设计规模。其中，污水处理厂出水水质达到 GB 18918—2002《城镇污水处理厂污染物排放标准》中一级 A 标准和 DB 34/2710—2016《巢湖流域城镇污水处理厂和工业行业主要水污染物排放限值》中规定的新建城镇污水处理厂主要水污染物排放限值标准。在满足该水质目标的基础上,水厂可以有效降解水中的新兴污染物(ECs),提高出水的水质安全性。在设计过程中预留一定的空间,远期通过简单改造就可以进一步提升出水水质,保证水质永续。

2)淠河六安市城南水利枢纽工程

淠河六安市城南水利枢纽工程位于六安城区规划范围,淠河中游商景高速公路桥下游约1200m处,为Ⅲ等中型工程,具有拦蓄上游来水、营造生态湿地、改善两岸水生态环境等综合功能。本工程修建完成后,上游河道蓄水与下游共同形成完整的景观带,为沿岸开发创造有利基础。蓄水同时还可作为六安市城市供水的备用水源,促进六安市交通建设和水生态文明建设,有力提升城市面貌和层次。

3)六安市城北水质净化厂

六安市城北水质净化厂总规模为16.0万 m^3/d,其中一期工程规模为8.0万 m^3/d。部分设备及管道等运行距今已有17年,损坏严重,活性砂滤池、加药间等建(构)筑物未能充分发挥其功能;二期工程将城北水质净化厂进行提标改造至16万 m^3/d,改造后尾水排放同时满足 GB 18918—2002《城镇污水处理厂污染物排放标准》中一级 A 标准和 DB 34/2710—2016《巢湖流域城镇污水处理厂和工业行业主要水污染物排放限值》中新建城镇污水处理厂主要水污染物排放限值标准。

4)六安市污泥处置厂

六安市污泥处置厂占地面积56 991 m^2,另有太阳能干化厂占地面积40 180 m^2。项目建设总投资15 935.7万元。服务对象为城北、凤凰桥、东部新城和河西4座污水处理厂。其中城北、凤凰桥污泥不经脱水(含水率约99.2%),直接泵送至六安市污泥处置厂;东部新城污水处理厂的污泥脱水至含水率80%,车辆运输至六安市污泥处置厂。一期厌氧消化厂于2019年7月建成试运行,一期太阳能干化厂于2020年4月建成试运行,设计处理规模140t/d,主要处理工艺为"污泥浓缩 + 厌氧消化 + 离心脱水 + 太阳能干化",设计出泥含水率35%,产物用作园林绿化用土。二期工程为原址扩建,设计处理规模140t/d,处理工艺为"污泥浓缩 + 厌氧消化 + 离心脱水 + 高压袋式脱水 + 低温干化",设计出泥含水率低于40%,产物用作园林绿化用土。

(三)治理成效

1. 全面排查城区管网,摸清了家底

通过采用 QV 检测、CCTV 检测、声呐检测、人工目测观测等多种技术手段,摸清雨污管网现状,准确探明排水管道的平面位置、埋深、走向、管径及材质、雨污混接、管网缺陷等信息,调查检查井及管网水位、淤积程度等信息,诊断管道状况,形成管网基础台账。

2. 提升污水处理效能,补齐了短板

源头小区改造效果突显,已完成47个小区管网改造,典型小区晴天出水平均 COD_{Cr} 浓度从199mg/L提高至247mg/L。污水收集率显著提高,目前已基本消除建成区的管网空白区域和合流排水区,城区生活污水集中收集率从44.8%(2019年)提升至63%(2021年),提升比例达到41%。污水处理能力大幅提高,截至目前在运污水处理规模由18.5万 m^3/d(2019年)提升至41.5万 m^3/d,扩容比例达到124%。凤凰桥二期污水处理厂是三峡集团首座投运的污水处理新概念厂,项目具有"水质永续""资源循环""能量自给""环境友好"

"适应灵活""智慧融合"的特点，将成为三峡集团打造的面向未来绿色低碳的标杆水厂。

3. 厂网河统筹管理，实现了智慧化管理

六安智慧"水管家"业务系统平台的建设，以厂网河一体化监测为基础，实现六安"一城"涉水事务一站式全托管，形成厂站网河湖全要素水务资产一张图，初步实现厂网河一体化调度管理、供排涝一体化运营管理。

4. 城市水环境进一步提升，人民幸福感显著增强

六安市中心城区范围内 14 条黑臭水体全部消除，并全部通过生态环境部和住房城乡建设部"初见成效"验收和全国城市黑臭水体治理监管平台"长制久清"材料审核。经第三方公众评议机构对各黑臭水体开展的群众满意度调查，水体治理的群众满意度都高于 90%，整体满意度达到 96% 以上，居民的获得感、幸福感得到显著提升。苏大堰湿地公园旱季处理规模为 24 万 m^3/d，出水达到准三类标准，切实解决苏大堰尾水污染，提升苏大堰、淠河的水质，改善生态环境质量。

第三章　排水管网系统治理

第一节　技术路线

一、总体思路

污水集中收集率低是以管网治理为基础的城市水环境治理面临的首要问题。三峡集团开展长江大保护工作，以实现污水全收集、提高污水处理厂进水浓度及控制排入水体的污染物总量为目标，遵循系统治理的原则，在长江沿线各城镇全面开展了城镇排水管网提质增效工作，在此基础上总结提炼出了排水管网系统治理技术路线（见图3-1）及方案。方案详述如下：

（1）"收污水"，把未收集的生活污水收进网。

污水管网未覆盖区域加快管网建设，基本实现管网全覆盖，污水全收集、全处理，实现"应收尽收"。积极推进雨污分流及雨污混错接改造，将合流、混错接的生活污水接入污水管。

对于污水直排口，主要采用封堵处理，新建截污管将污水接入市政污水处理系统。

对于能实现雨污分流的合流管、混流管，实施雨污分流后接入相应管道。

对于不能实现雨污分流的合流管、混流管，通过增大截流倍数、设置CSO调蓄池等措施降低溢流污染，必要时还需对排口进行强化处理。

（2）"挤外水"，把外水"赶出网"。

将河湖倒灌水、地下入渗水、建筑施工排水及施工降水等外水赶出污水管网，杜绝"清污不分"，减少污水管网内的外水，提高污水水质浓度。

将敷设在河湖内、位于河湖水位以下的污水管迁移至岸上，避免河湖水倒灌至污水管网内或污水外溢至河湖内。对现状污水管网进行检测、修复，避免地下水渗入污水管。通过管理或执法手段，规范建筑施工排水及施工降水等排水。

（3）"治雨水"，削减初雨污染，解决内涝问题。

积极推进市政、小区、企事业单位内部低影响开发等措施，逐步降低雨天排入地表水体的污染物量，并根据水环境容量计算适时开展初期雨水治理工作。通过管网检测、修复，疏通淤堵管道，修复渗漏管道，并采用软件模拟计算，解除城市内涝风险。

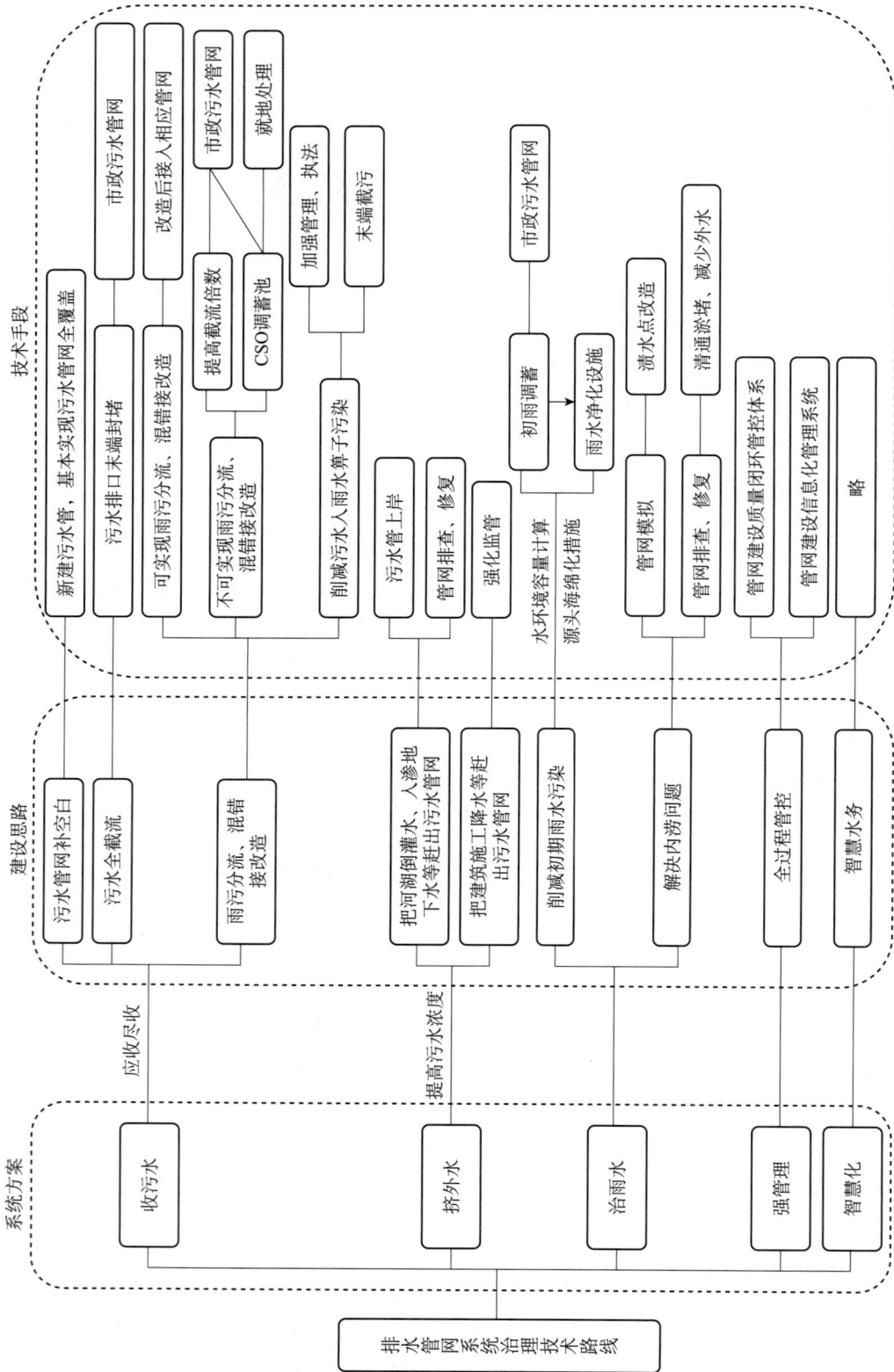

图 3-1 排水管网系统治理技术路线

（4）"强管理"，保证管网建设质量和系统稳定运行。

强化系统管理、创新管理机制，加强对排查、治理和设施建设的质量控制，强化收集系统运行维护，居民、企事业单位和个人排水与市政排水的接驳，建筑施工排水等管理。

（5）"智慧化"，建立"智慧排水"一体化运维管理平台。

以排水设施数字化为基础，以厂网一体化智慧决策和管理为目标，集成 GIS + BIM、物联网、数值模拟、大数据分析、AI 智能等技术，采用微服务、技术中台开发架构，实现资产管理、运行监测、运维管理、决策支持、综合调度、安全管理、应急管理、报表管理、绩效考核、移动应用、大屏展示等核心功能，最终打造一个规范化、精细化、智慧化的厂站网一体化运维管理平台。

二、总体要求

排水管网系统治理技术路线应聚焦污水系统提质增效、"生活污水集中收集率""进厂BOD 浓度"双目标提升，科学开展排水管网诊断及排查，对管网主要问题进行全面梳理，按照管网问题解决的轻重缓急的原则确定管网整治工程范围、项目建设主要工程内容、各子项实施时序等，争取以最小投资实现最大治理成效，编制排水管网系统整治方案。

三、工程措施

（一）管网检测及修复

排水管网检测主要采用先进的管道检测技术手段对排水管网的破损情况进行全面详细排查和检测，对破损情况进行全面评估和分类，判定排水管道中结构性及功能性缺陷的类型、位置、数量和状况。常用的管道及检查井缺陷检测技术包括：CCTV 检测技术、声呐检测技术、QV 检测技术及传统的反光镜检测技术、人工目测观测技术等。相关技术优缺点及适用范围见表 3 - 1。

表 3 - 1　管道检测技术及适用范围

序号	工艺名称	优点	缺点	适用范围
1	CCTV 检测技术	（1）装备有最先进的摄像头、爬行器及灯光系统，完全由带遥控操纵杆的监视器控制，操作简单，移动方便。 （2）可以进行影像处理，记录摄像头的旋转和定位。 （3）具有高质量的图像记录和文字编辑功能。 （4）可以对管道内所有状况进行探测和摄像，检测效果直观。 （5）不需人员直接进入管道，降低发生人身意外事故的概率，安全系数高。 （6）缺陷部位量测精准	（1）进行检测前需要对待检测管道进行封堵、抽水、疏通清淤等处理，检测时管内水位不宜大于 10cm。 （2）待检测管道必须能够满足 CCTV 检测车进入和通行。 （3）在进行结构性检测前应对被检测管道做疏通、清洗，清洗后的管道内壁应无污物或杂物覆盖。 （4）对淤泥较多或者沥青较多的管道检测时难度较大。 （5）电线在管道中拖沓易引发障碍，中断检测过程	适用于管径≥300mm 的不同直径管道。对检测的管道材质没有特殊要求

续表

序号	工艺名称	优点	缺点	适用范围
2	声呐检测技术	（1）可辨认并定位管道内部的沉积物、凝结物，同时对大于3mm的开放（通透）形裂隙进行检测和定位。 （2）专用软件系统可以达到3D效果，连续记录的检测数据可以以立体图的方式在计算机上显示，检测结果直观。 （3）可对各种结构机械变形、沉降、轮廓进行测绘。 （4）可根据检测结果计算清淤工程量和提供清淤地点。 （5）进行检测前无须对待检测管道进行封堵、抽水、疏通清淤等处理	（1）无法对管道内的锈层、结垢、腐蚀、穿孔、裂纹等微小状况进行探测和摄像。 （2）声呐技术不能透过硬的表面，故不能提供有关管壁厚度和周围地层性质的参数。 （3）轮廓图不宜作为结构性缺陷的最终评判依据，需要结合其他方法判别	适用于不宜进行CCTV检测的充满度较高的污水管道，适用于直径（断面尺寸）在125～3000mm范围内各种材质的管道
3	QV检测技术	（1）拥有高功率探照灯、可控变焦摄像头，检测纵深最大可达80m，并能清晰显示管道破裂、堵塞等内部状况。 （2）拥有可调节伸缩杆，长度最大可调至10m。 （3）拥有全景高清晰度摄像头，可以及时产生高质量的彩色图像和录像以储存检测成果资料。 （4）便携式设计，操作简单。 （5）检测直观、安全、速度快。 （6）对管道环境要求低，辅助人工少	（1）进行检测前需要对待检测管道中的污水进行抽排，检测时管内水位不宜大于管径的1/2。 （2）无法检测被污水遮挡的管道部位，检测的结果仅作为管道预测性的评估依据。 （3）无法全线检测，缺陷位置定位不准确。 （4）对细微结构性问题不能提供较好的评估。 （5）检测范围受光照距离影响，一侧有效观测距离仅为20～30m	适用于管道内部情况的快速检测诊断，可探测150～2000mm管道内部情况。对检测的管道材质没有特殊要求
4	反光镜检测技术	方便快捷	（1）无法对管道进行精确检测，只能进行定性判定。 （2）检测范围受光照距离影响，检测距离短	适用于作为其他检测技术的辅助手段
5	人工目测观测技术	操作简单，成本低	无法对管道进行精确检测，只能进行定性判定	适用于作为其他检测技术的辅助手段

　　排水管道修复主要是针对排水管道、检查井存在的缺陷及混接问题，根据相关规程和标准，主要采用非开挖或开挖技术进行修复。排水管道修复技术路线如图3-2所示。

　　选择修复方式时，应根据管道破损分类等级，结合实际施工条件，选择经济适用的修复方案。开挖修复可以一次解决修复段所存在的所有问题，而且是永久性的，但是其必须破坏既有的管道路面，对交通、社会等的影响较大。非开挖修复可在不开挖或微开挖地表的情况

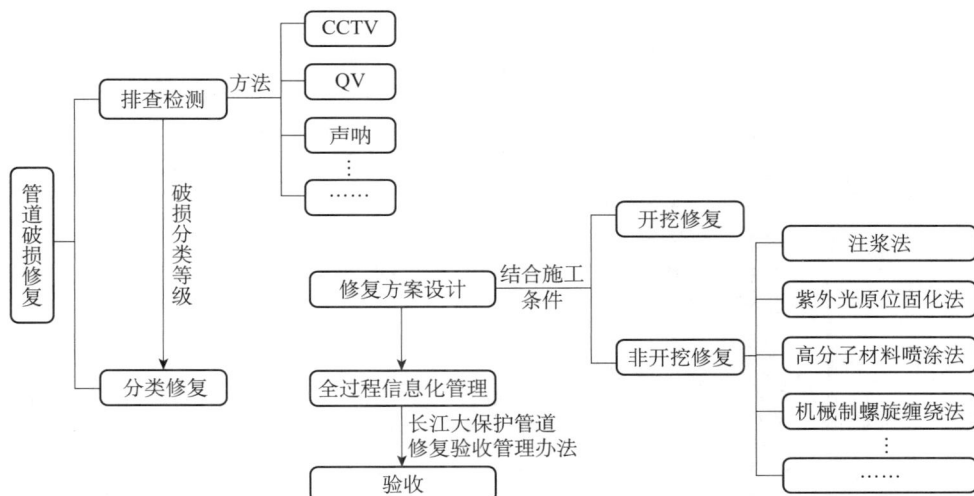

图 3－2　排水管道修复技术路线

下对地下管网进行修复改造。由于非开挖修复无法解决严重的坍塌、变形、错位造成的结构性缺陷，在具备施工条件且投资允许情况下，对于相对严重的结构性缺陷，建议优先选用开挖修复技术。

非开挖修复原则包括：①满足管道的荷载要求。②修复后管道流量一般应达到或接近原设计流量。③对同一管段出现 3 处以上结构性缺陷的情况，应采用整体修复方法。④管道整体修复后使用年限不应小于 30 年。⑤经结构性缺陷修复的污水管道和合流制管道，地下水入渗比例不应大于 20%。目前，非开挖修复方法主要包括注浆法、翻转式原位固化法、紫外光原位固化法等，各类方法的适用范围见表 3－2。

表 3－2　非开挖修复技术及适用范围

序号	工艺名称	优点	缺点	适用范围
1	注浆法	作为辅助修复效果好，干扰小，材料和设备的费用低	难以确定注浆工程量和控制施工质量	填充软基处理、加固各类土体、修复管道渗漏和土体沉降等
2	翻转式原位固化法	施工速度快，使用寿命长，固化强度高	施工工艺复杂，受现场资源条件限制，不环保，费用高	DN150～DN2700 排水管道的修复
3	紫外光原位固化法	施工速度快，占用交通资源少，固化后强度高，使用寿命长，环保节能	原材料储存要求高，预处理要求高	DN150～DN1800 排水管道的修复
4	水泥基材料喷筑法	施工简单、快捷	对管道本体要求高，强度低，不能解决渗漏等问题	各类断面形式、无机材质排水管（渠）、圆形管道及检查井井壁的修复

续表

序号	工艺名称	优点	缺点	适用范围
5	高分子材料喷涂法	施工简单、快捷	对管道本体要求高，强度低，不能解决渗漏等问题	各类断面形式混凝土和钢筋混凝土、砖砌井室的修复
6	机械制螺旋缠绕法	工期短，交通影响小，带水作业，间歇式施工，适用断面形式广	整体性差，减少截面多	各种断面形式、各种材质的排水管（渠）的修复
7	垫衬法	耐腐蚀，适应性强，施工方便	整体性差，减少截面多	DN300 以上各类材质的排水管道和各类断面形式渠箱的修复
8	碎（裂）管法	有价格优势，增加过流能力	需要设置工作坑，支管需要开挖，可能会造成地面隆起	高密度聚乙烯（HDPE）波纹管、混凝土管、陶土管、钢筋混凝土管等管道的修复
9	热塑成型法	整体性好，强度高，耐腐蚀	管径限制，资源限制，不节能	DN100 ~ DN1200 各种材质的排水管道的修复
10	管片内衬法	强度高	施工复杂，周期长，下人操作普遍，安全风险大	DN800 及以上的重力污水、雨水、雨污合流的混凝土管（渠）、钢筋混凝土管（渠）、圬工管（渠）、检查井、污水池等排水设施的修复
11	不锈钢双胀环法	局部快速修复，止水，应用于预处理	对水流和过水断面有影响，适用性差	DN800 及以上的混凝土管、钢筋混凝土管、钢管、球墨铸铁管及各种合成材料管材的排水管道的局部修复
12	不锈钢快速锁法	局部快速修复，结构可靠，修复简单，可用于压力供水管道	对水流和过水断面有影响，对管道本体要求高	DN300 ~ DN1800 排水管道的局部修复，不适用于管道变形和接头错位严重情况的修复
13	点状原位固化法	安全，无污染，局部修复效率高	强度不高，质量难保证	DN200 ~ DN1500 的混凝土管、钢筋混凝土管、钢管及各种塑料管排水管道的修复

（二）新建排水管网

对于新建排水管网，应根据实际施工条件优选管道施工方法，对于开槽施工困难的管段优先采用顶管、定向钻和微型顶管等先进的非开挖技术敷设管道，新建排水管网技术路线如图 3 - 3 所示；对于开槽施工管道采用标准化的沟槽支护技术，以保障槽壁安全。为进一步加强长江大保护项目排水管道工程施工安全管理，规范沟槽开挖作业安全行为，长江环保集团已凝练总结形成一系列标准化文件，重点针对沟槽开挖标准化设计形成了《长江大保护给排水管道沟槽支护设计指南》，针对沟槽开挖施工形成了《长江大保护给排水管网沟槽开挖支护管理规定》。

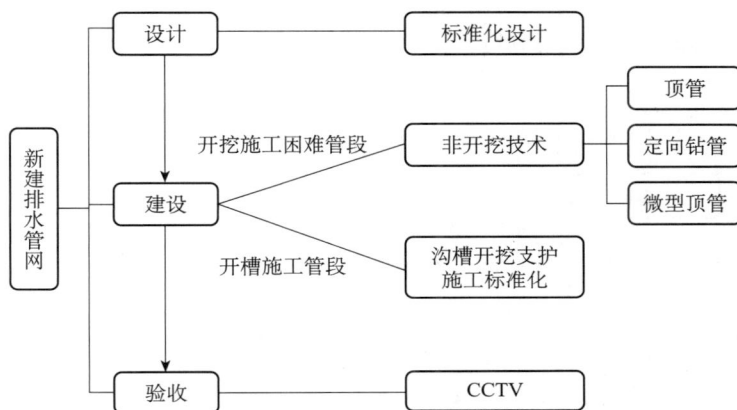

图 3 - 3　新建排水管网技术路线

针对目前市政存量管网质量差、使用年限短、HDPE 双壁波纹管生产环节难以进行质量管控的突出问题，长江环保集团形成了《长江大保护排水用管材选型指南》，优先推荐使用 HDPE 缠绕结构 B 型管及球墨铸铁管（见表 3 - 3），从源头严控管材质量，确保管材使用年限及后期运行安全。并对管道施工质量进行全过程信息化管理，采用 CCTV 等先进技术手段开展管网质量验收，严格执行验收标准。

表 3 - 3　长江大保护项目常用管材常规应用场景选用推荐表

常规应用场景		雨水管				污水管（合流管道视同污水管）			
		小区、农村、企业		市政道路		小区、农村、企业		市政道路	
		≤DN600	>DN600	≤DN600	>DN600	≤DN600	>DN600	≤DN600	>DN600
推荐选用管材类型	优选	HDPE	钢筋混凝土管	HDPE	钢筋混凝土管	HDPE	球墨铸铁管，HDPE	HDPE，球墨铸铁管	球墨铸铁管，HDPE
	次选	钢筋混凝土管，FRPM	HDPE	钢筋混凝土管，FRPM	HDPE	球墨铸铁管，FRPM	钢筋混凝土管	FRPM	钢筋混凝土管

注：1. 表中 HDPE 表示高密度聚乙烯（PE）缠绕结构壁管（B 型）；FRPM 表示玻璃纤维增强塑料夹砂管。2. 常用管材实际应用渗水量、信息价、综合单价对比情况参见《长江大保护排水用管材选型指南》附录 B、附录 C、附录 D。

（三）排口改造与治理

排口治理是"控源截污"的重要环节，应在充分调查的基础上，针对不同排口的具体问题，因地制宜采用封堵、截流、防倒灌等综合治理措施，对排口实施改造。排口改造技术路线如图3-4所示。

（1）污水直排口：主要采用封堵处理，新建截污管将污水接入市政污水处理系统。

（2）合流制直排口：对于能实现雨污分流的合流制直排口，实施雨污分流后接入相应管道。对于不能实现雨污分流的合流制直排口，需保证旱季不溢流，同时通过增大截流倍数、设置CSO调蓄池等措施降低雨季溢流污染，必要时还需对排口进行强化处理。

（3）雨水排口：以受纳水体的水环境容量为依据，适时采取措施削减初期雨水污染负荷。对于有污水混接的雨水排口，进行排口溯源，找出雨污混错接点，在源头对污染源进行纠正，保留现状排放口。

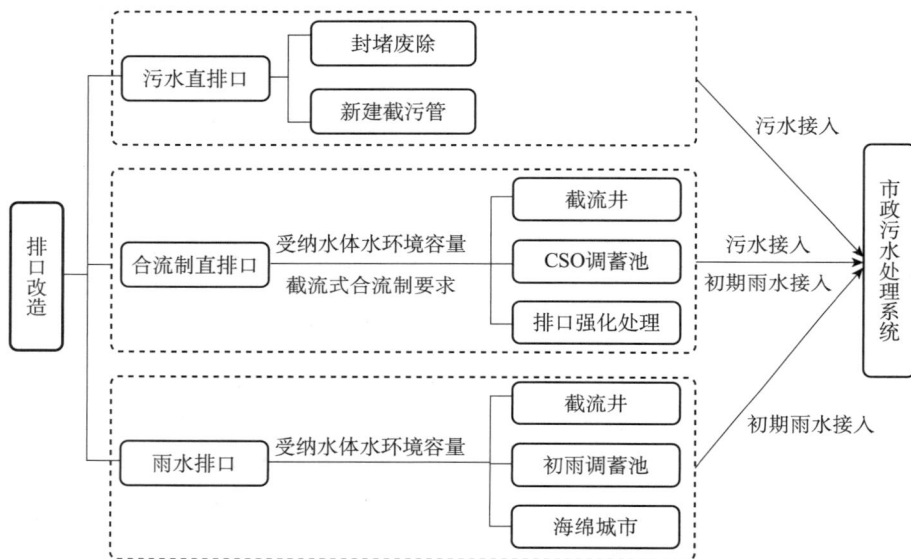

图3-4 排口改造技术路线

（四）管道混错接改造

按照长江大保护相关技术标准要求，采用先进的技术手段（在线监测、溯源分析等）对排水管网的混错接进行全面详细调查和探测，混错接改造技术路线如图3-5所示。根据混错接的类型进行分类改造：

（1）雨水箅子接污水管。封堵原雨水连接管，将雨水箅子改接进入附近雨水井。改造方案如图3-6所示。

（2）市政雨水管接污水管。封堵原雨水管道，将上游雨水管改接进入附近雨水井。改造方案如图3-7所示。

（3）市政污水管接雨水管。封堵原污水管道，将上游污水管道改接进入附近污水井。改造方案如图3-8所示。

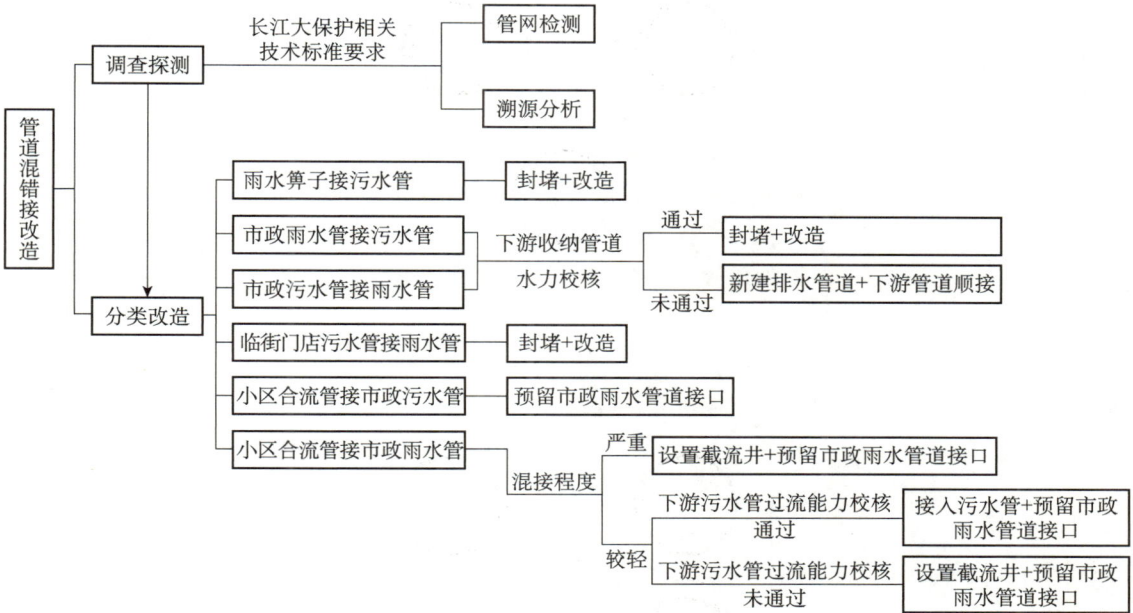

图 3 - 5　混错接改造技术路线

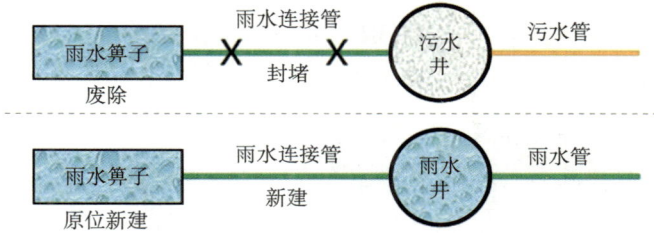

图 3 - 6　雨水算子接污水管改造方案

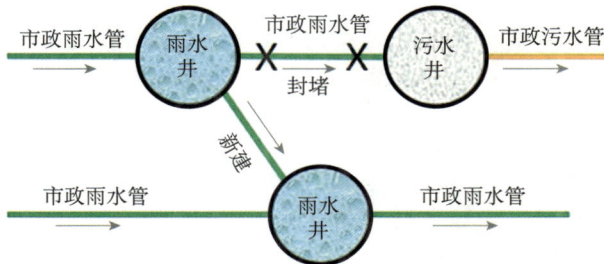

图 3 - 7　市政雨水管接污水管改造方案

（4）临街门店污水管接雨水管。在原雨水井前新建污水井，将门店污水管道全部截流，下游接附近现状污水井。改造方案如图 3 - 9 所示。

（5）小区合流管接市政污水管。预留市政雨水管道接口，待小区雨污分流改造实施后，改造相应小区排水接口，最终实现小区内部和市政道路雨污分流。

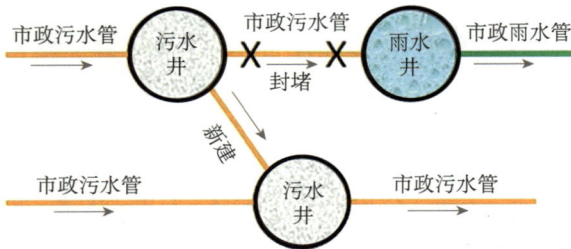

图3-8 市政污水管接雨水管改造方案

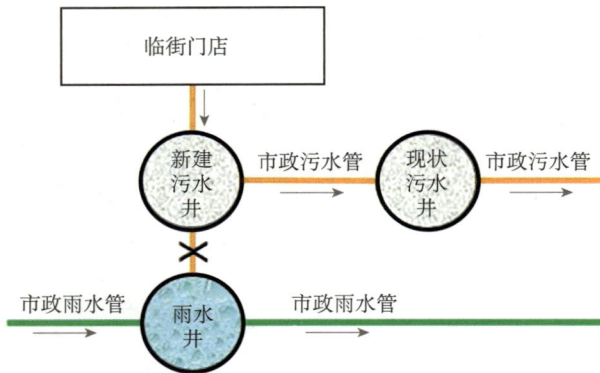

图3-9 临街门店污水接雨水管改造方案

（6）小区合流管接市政雨水管（混接程度较轻）。首先对拟改造污水管道的下游受纳管道进行水力校核，根据校核结果采取以下措施：对于下游市政污水管过流能力足够的情况，将小区合流管改接入市政污水管；对于下游市政污水管过流能力不足的情况，设置截流井，截流污水至市政污水管。预留市政雨水管道接口，待小区雨污分流改造实施后，改造相应小区排水接口，最终实现小区内部和市政道路雨污分流。改造方案如图3-10所示。

（7）小区合流管接市政雨水管（混接程度严重）。小区合流管设置截流井，截流污水至市政污水管，下阶段小区内实施雨污分流改造。改造方案如图3-11所示。

（五）地块排水管网改造

根据地块性质、排水体制改造目标、现状地块排水管网出口污水浓度等因素，对研究范围内的地块进行分类研究。

（1）合流制小区：对于没有条件实施雨污分流改造的小区，应对现状小区排水出口进行水质检测，根据晴天COD_{Cr}浓度确定是否需要进行地块排水管网更新改造，并作为判断地块内管道渗漏严重程度及评判改造效果的基础数据。对于有条件实施雨污分流的小区，可根据小区内排水管网具体情况选择新建污水或雨水收集系统。

（2）分流制小区：应对现状小区污水排水出口进行水质检测，根据晴天COD_{Cr}浓度确定地块排水管网改造方案。

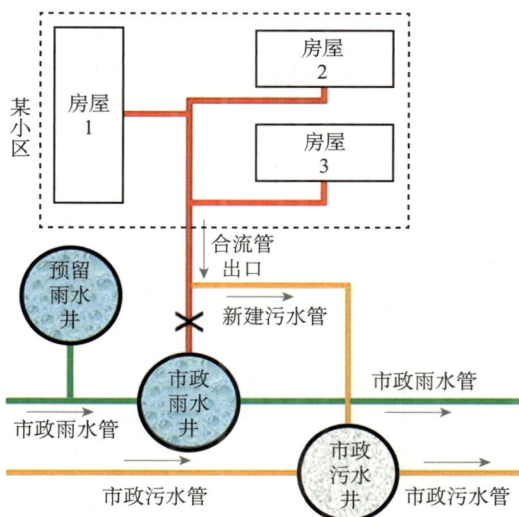

图3-10 小区合流管接市政雨水管（混接程度较轻）改造方案

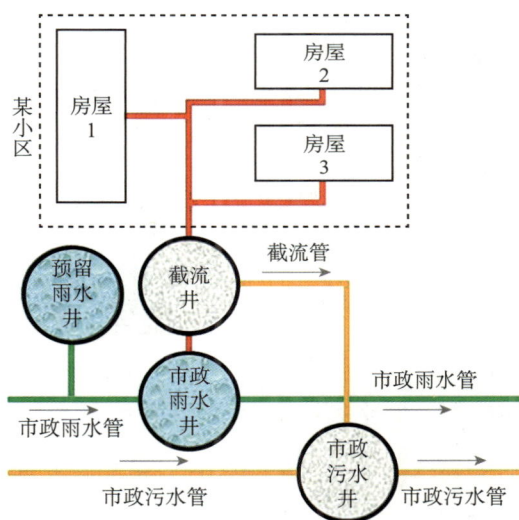

图3-11 小区合流管接市政雨水管（混接程度严重）改造方案

（3）棚户区：棚户区排水系统改造以新建污水系统为主，确保污水系统做到"全覆盖、全收集、全处理"。

（4）排水立管改造：在小区排水管网实现了雨污分流的前提下，考虑排水立管改造。具备立管改造条件的建筑物，将原有立管作为污水立管使用，接入小区污水管，同时新建雨水立管，接入小区雨水系统；不具备立管改造条件的建筑物，在原有合流立管末端设截流设施，晴天污水截流入小区污水系统，雨天溢流混合污水接入雨水系统。

不同条件地块改造方案按表3-4执行。

表 3 - 4 不同条件地块改造方案

小区类型	类别	推荐分类方法	改造方案
居住小区	Ⅰ类	合流制且出水 COD_{Cr} 浓度 $\geq A$（晴天）	该类小区的划分应充分考虑工程总体目标的可达性。原则上，针对Ⅰ类小区的工程措施以清淤疏通为主
	Ⅱ类	合流制且出水 COD_{Cr} 浓度 $< A$（晴天）	该类小区应考虑管网更新改造，可根据小区管网实际检测情况确定具体为局部还是全面的更新改造。采取局部更新改造时，应对仍利用的旧管段进行全面的清淤疏通
	Ⅲ类	合流制拟改为分流制	该类小区可考虑新建污水管网，实现雨污分流的同时实现污水系统提质增效。针对排水系统老旧、设计标准过低的小区，应考虑重建排水系统。改造后应对居住小区仍利用的旧管段进行全面的清淤疏通
	Ⅳ类	分流制且出水 COD_{Cr} 浓度 $< A$（晴天）	该类小区应考虑新建污水管网，实现污水系统提质增效
	Ⅴ类	分流制且出水 COD_{Cr} 浓度 $\geq A$（晴天）	该类小区以管道清淤疏通、雨污水错接改造、破损管道修复等工作为主
棚户区	Ⅵ类	新建污水系统	棚户区排水系统改造以新建污水系统为主，确保污水系统做到"全覆盖、全收集、全处理"

注：出水浓度分类值 A 与工程目标、现状情况相关，应根据实际情况确定，借鉴九江经验 A 的取值范围为 200 ~ 260mg/L。

第二节 核心技术

一、管网建设质量闭环管控体系

长江大保护排水管网工程建设在实践中不断探索创新，形成了包括源头质量管理、施工过程质量管理、验收质量管理的全生命周期管网工程质量闭环管控体系，如图3-12~图3-14 所示。

二、排水管网诊断及排查技术体系

结合长江大保护管网诊断与排查的实际工作情况，形成了由粗到细、由末端到源头、由定性初判到定量诊断，逐步深入进行"初判—水质水量监测—诊断—排查—制定整治方案"的管网诊断与排查技术体系。

按照"先初判，再诊断，后排查"的工作原则，前期以资料收集、现场踏勘及访谈定性初判管网问题，在疑似关键节点开展必要的水质水量监测，诊断管网系统整体运行情况，识别提质增效关键片区及关键管段，再行开展必要的管网 CCTV 检测，为治理方案制定提供依据。

排水管网诊断与排查技术体系如图 3-15 所示。

```
                                    ┌──────────────────────────────┐
                       联合体单位管理 ──┤ 考核优秀成员单位优先合作        │
                                    ├──────────────────────────────┤
                                    │ 信用评价为B以下的暂停合作      │
                                    └──────────────────────────────┘
                       溯源排查质量管理
           源                        ┌──────────────────────────────┐
           头                        │ 强化设计内审                  │
           质          设计质量管理 ──┼──────────────────────────────┤
           量                        │ 规范管材选型                  │
           管                        ├──────────────────────────────┤
           理                        │ 优化施工工艺                  │
                                    └──────────────────────────────┘
                                    ┌──────────────────────────────┐
                                    │ 推行管材甲控甲供              │
                                    ├──────────────────────────────┤
                       管材质量管控 ──┤ 大宗管材采购管控生产过程：驻场监造 │
                                    ├──────────────────────────────┤
                                    │ 进厂验收三检制：施工单位复检，监理 │
                                    │ 单位平行检验，第三方质量检测    │
                                    └──────────────────────────────┘
```

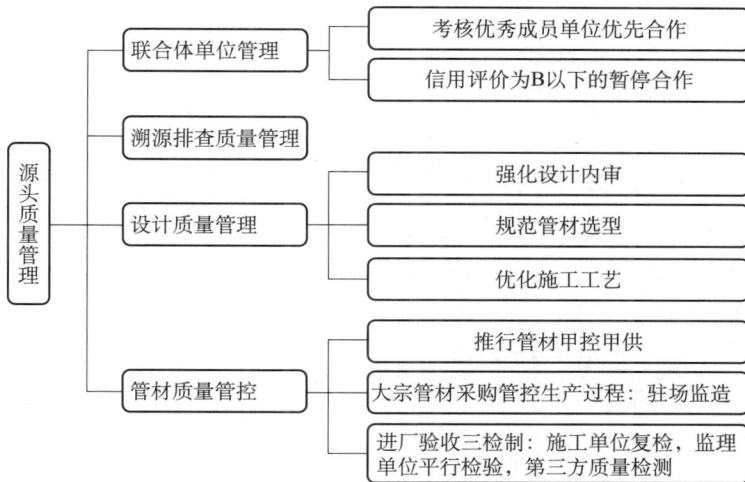

图 3-12　源头质量管理体系

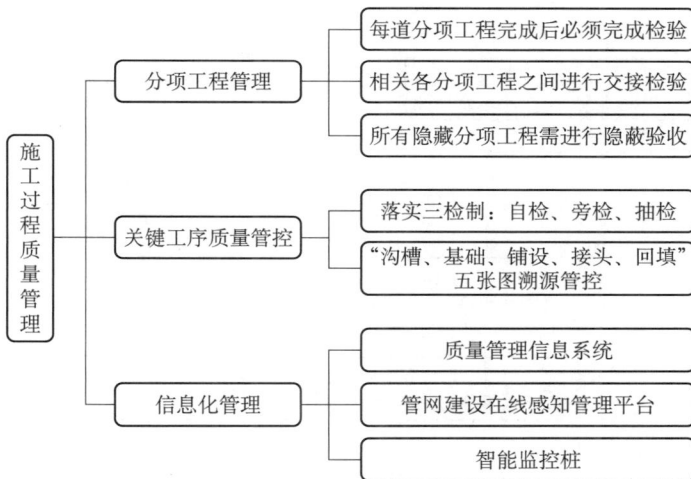

```
                                    ┌──────────────────────────────┐
                                    │ 每道分项工程完成后必须完成检验  │
                                    ├──────────────────────────────┤
                       分项工程管理 ──┤ 相关各分项工程之间进行交接检验  │
                                    ├──────────────────────────────┤
           施                        │ 所有隐藏分项工程需进行隐蔽验收  │
           工                        └──────────────────────────────┘
           过                        ┌──────────────────────────────┐
           程                        │ 落实三检制：自检、旁检、抽检    │
           质       关键工序质量管控 ──┼──────────────────────────────┤
           量                        │ "沟槽、基础、铺设、接头、回填" │
           管                        │ 五张图溯源管控                │
           理                        └──────────────────────────────┘
                                    ┌──────────────────────────────┐
                                    │ 质量管理信息系统              │
                                    ├──────────────────────────────┤
                       信息化管理 ────┤ 管网建设在线感知管理平台      │
                                    ├──────────────────────────────┤
                                    │ 智能监控桩                    │
                                    └──────────────────────────────┘
```

图 3-13　施工过程质量管理体系

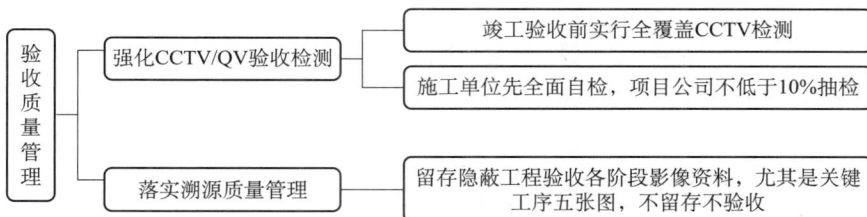

```
                                    ┌──────────────────────────────┐
           验                        │ 竣工验收前实行全覆盖CCTV检测   │
           收    强化CCTV/QV验收检测 ─┼──────────────────────────────┤
           质                        │ 施工单位先全面自检，项目公司不低于10%抽检 │
           量                        └──────────────────────────────┘
           管
           理                        ┌──────────────────────────────┐
                   落实溯源质量管理 ──┤ 留存隐蔽工程验收各阶段影像资料，尤其是关键 │
                                    │ 工序五张图，不留存不验收        │
                                    └──────────────────────────────┘
```

图 3-14　验收质量管理体系

| 资料收集 | 1.区域基础资料：规划、人口、地形、水系、降雨、水位等。
2.供排水资料：供水、排水、污水处理厂（站）、泵站、调蓄池、截流设施、排水设施调度、箱涵 |

```
                        ┌──────────────────┐
                        │  管网拓扑结构调查  │
                        └──────────────────┘
                                 │
                        ┌──────────────────┐
                        │ 污水管网系统效能初步分析 │
                        └──────────────────┘         ┌──────────┐
                                 │                    │ 现场查勘 │
                        ┌──────────────────┐          ├──────────┤
                        │  管网问题初步判断  │─────────│ 调研走访 │
                        └──────────────────┘          ├──────────┤
                                 │                    │ 快速检测 │
                                 │                    └──────────┘
 ┌────────────┐  ┌────────────┐  ┌────────────┐  ┌────────────┐
 │ 主干管运行状况 │  │ 混错接程度调查 │  │ 主要排口调查与初 │  │ 主要外水调查 │
 │ 调查与初步判断 │  │ 与初步判断  │  │ 步判断     │  │ 与初步判断  │
 └────────────┘  └────────────┘  └────────────┘  └────────────┘
                                 │
                   ┌───────────────────────────┐
                   │ 初步诊断管网关键问题、疑似管段及区域 │
                   └───────────────────────────┘
```

管网普查与初判

```
                        ┌──────────────────┐          ┌──────────┐
                        │   水质水量监测    │─────────│ 固定监测 │
                        └──────────────────┘          ├──────────┤
                                 │                    │ 轮换监测 │
                                 │                    └──────────┘
 ┌────────────┐  ┌────────────┐  ┌────────────┐  ┌────────────┐
 │ 污水厂前水  │  │ 干管节点水  │  │ 重要排水户  │  │ 主要外水水  │
 │ 质水量监测  │  │ 质水量监测  │  │ 水质监测   │  │ 质水量监测  │
 └────────────┘  └────────────┘  └────────────┘  └────────────┘
                                 │
                        ┌──────────────────┐          ┌────────────────┐
                        │   管网问题诊断    │─────────│ 旱天水量平衡分析 │
                        └──────────────────┘          ├────────────────┤
                                 │                    │ 晴雨天水质变化分析 │
                                 │                    └────────────────┘
```

水质水量监测

```
              ┌──────────────────────────────────┐
              │ 计算污水收集率、外水入渗率及入流率、 │
              │ 混错接程度、雨晴比，主要外水来源诊断 │
              └──────────────────────────────────┘
                                 │
              ┌──────────────────────────────────┐
              │ 形成量化诊断结论：               │
              │ 确定管网关键问题、关键管段及区域  │
              └──────────────────────────────────┘
```

管网问题诊断

```
                        ┌──────────────────┐   ┌────────────────┐
                        │    管网检测      │───│ CCTV/QV/声呐等 │
                        └──────────────────┘   └────────────────┘
                                 │
          ┌────────────────┐         ┌────────────────┐
          │  管网检测与评估  │         │ 外水入流入渗点位 │
          └────────────────┘         └────────────────┘
                          │         │
                        ┌──────────────────┐
                        │   明确修复范围    │
                        └──────────────────┘
```

管网检测

```
                        ┌──────────────────┐
                        │   编制整治方案    │
                        └──────────────────┘
 ┌────────────┐  ┌────────────┐  ┌────────────┐  ┌────────────┐
 │ 混错接改造  │  │  排口治理  │  │  管网补空白 │  │  管网修复  │
 └────────────┘  └────────────┘  └────────────┘  └────────────┘
```

管网整治

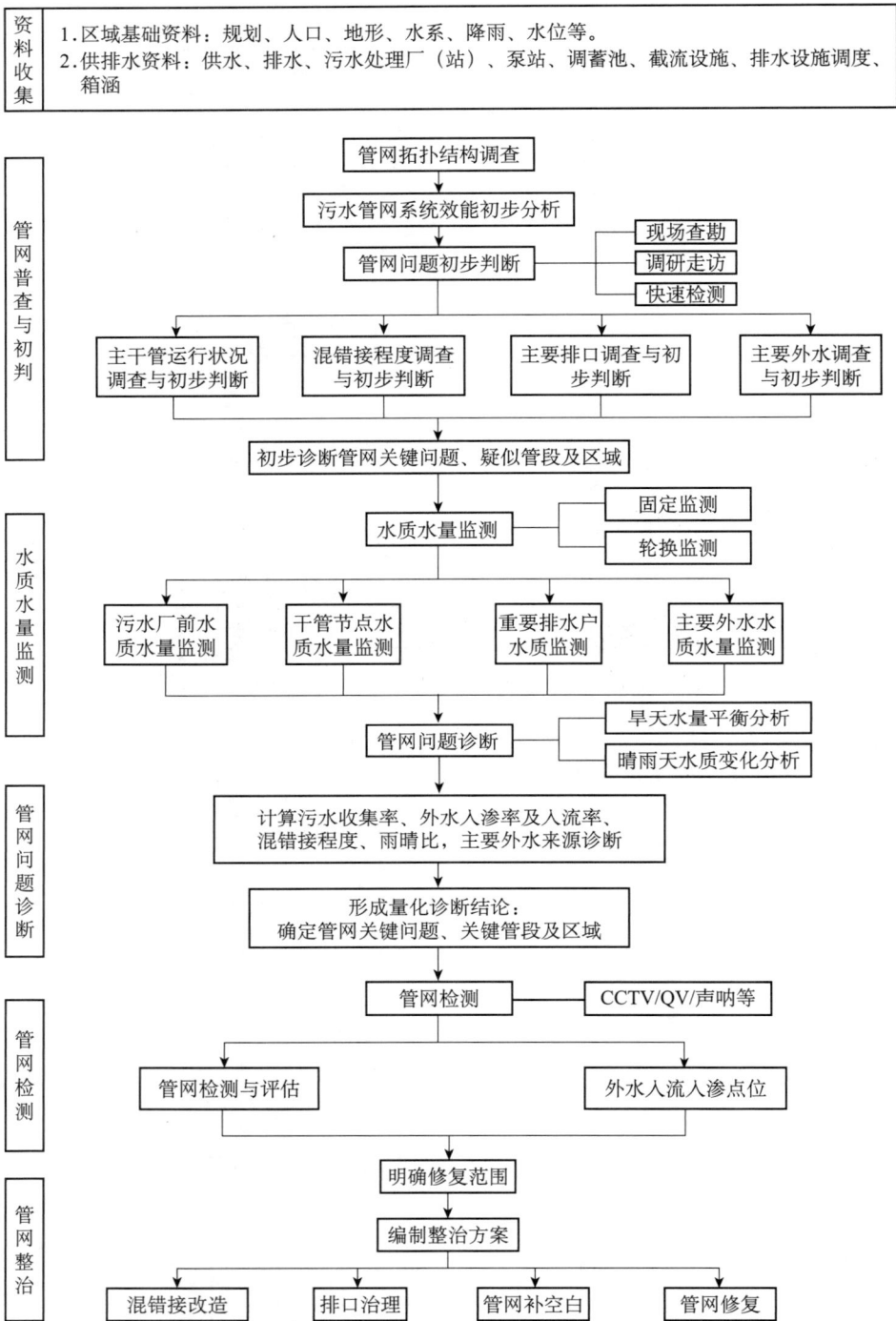

图 3-15　排水管网诊断与排查技术体系

三、管道检测机器人

（一）山地箱涵检测机器人

山地箱涵检测机器人是一种能够适用于山地箱涵特殊的水流、淤积及跌坎条件，且能够定位污染源的检测机器人。机器人底盘可模块化搭载多自由度高清云台、三维扫描仪、照明系统、视频检测等多种检测系统，实时观察箱涵内部情况。线缆为自动收放线装置携光电混合线缆，在给机器人本体供电的同时，通过光纤将机器人本体探测的箱涵情况实时传输给地面操作者，手持式遥控器可实时显示箱涵探测情况。山地箱涵检测机器人现场应用如图 3-16 所示。

图 3-16　山地箱涵检测机器人现场应用

（二）内支撑管道检测机器人

内支撑管道检测机器人以模块化设计为思路，通过履带式机器人平台搭载各种载荷（照明灯、多自由度云台、声呐等）、控制终端及防护技术等相关辅助部件，来实现管道环境的探测，并实时将现场画面传输至控制终端，现场指挥人员可以根据其反馈结果，及时对管道内部情况做出科学判断及合理决策。可适应管道内部泥沙深、水流量大、水流速度快和检测距离远的场景。内支撑管道检测机器人现场应用如图 3-17 所示。

四、装配式横列板支护技术

装配式横列板支护技术是将传统横列板支护结构中 2 根竖楞通过 1 根固定横梁组成单片受力结构，2 片受力结构通过 4 根水平支撑杆连接组成一个适合不同宽度沟槽支护的装配式支护体系。优点在于安全、施工速度快、成本低。施工工法如下：

（1）根据开挖完成后沟槽的宽度，先对支护体系进行拼装。4 根水平支撑杆与 2 片竖楞通过锁扣连接牢固后，旋转水平支撑杆钢管，调节横列板宽度至沟槽宽度。

（2）吊装采用挖机吊装，将拼装完成后的整体式支护结构吊装入沟槽。

图 3 – 17　内支撑管道检测机器人现场应用

（3）支护结构进入沟槽后，调节水平支撑向两侧，使钢板和沟槽两侧土体抵紧，完成支护作业。

（4）支撑拆除：支撑拆除应与基坑（槽）、管沟土方回填配合进行，按由下而上的顺序交替进行；对于多层支撑沟槽，应待下层回填完成后再拆除其上层槽的支撑。

装配式横列板支护技术现场应用如图 3 – 18 所示。

图 3 – 18　装配式横列板支护现场应用

第三节　技术支撑体系建设

一、标准化文件

（1）Q/CTG 249《长江大保护城市水环境治理工程地下管线调查与检测评估实施技术导则》。

（2）Q/CTG 250《长江大保护城市地下排水管线数据入数据库要求》。

（3）Q/CTG 321、Q/YEEC 001《长江大保护排水用管材选型指南》。

（4）Q/CTG 322、Q/YEEC 002《长江大保护排水管网施工指南》。

（5）Q/CTG 404、Q/YEEC 006《长江大保护排水管道工程质量验收标准》。

（6）Q/CTG 405、Q/YEEC 005《长江大保护既有小区排水管网改造技术导则》。

（7）Q/YEEC 007《长江大保护管网数字化管理系统使用指南》。

（8）Q/YEEC 009《长江大保护城市地下管线排查成果质量检查与验收标准》。

（9）Q/YEEC 010《长江大保护城镇污水管网系统问题调查技术导则》。

（10）Q/YEEC 021《长江大保护城镇排水管渠与附属设施运行技术规程》。

（11）Q/YEEC 025《排水设施在线监测设备安装与试运行验收规范》。

（12）Q/YEEC 027《长江大保护新建排水管道检测评估与缺陷处置技术规程》。

（13）《长江大保护排水管网项目初步设计评估优化指导要点》。

（14）《长江大保护给排水管道沟槽支护设计指南》。

二、专利

排水管网技术专利见表3-5。

表3-5　排水管网技术专利

序号	专利名称	授权号/登记号	专利类型	备注
1	市政工程沟槽施工用可拆卸式临时支护	CN215252933U	实用新型	已授权
2	用于初雨生态处理的节能调蓄池	CN212104487U	实用新型	已授权
3	检测井应急封堵装置	CN213204397U	实用新型	已授权
4	一种湿地小管径引水倒虹吸管防淤和冲洗系统	CN213389960U	实用新型	已授权
5	管内注浆装置及注浆方法	CN112196057B	发明	已授权
6	管内注浆装置	CN213572273U	实用新型	已授权
7	裂管法施工PE管道密封协同变形接口	CN216112662U	实用新型	已授权
8	一种新型综合管廊用悬臂支架	CN213585003U	实用新型	已授权
9	一种基于倒虹吸引水技术的引调水装置	CN214424794U	实用新型	已授权
10	带警示功能的沉井倾斜观测装置	CN215253045U	实用新型	已授权
11	一种缓解城市内涝的分流制排水系统	CN215253277U	实用新型	已授权

续表

序号	专利名称	授权号/登记号	专利类型	备注
12	一种提升污染治理设施运行效能的排水系统	CN113089790B	实用新型	已授权
13	一种可使钢管围堰自流过水的装置	CN215252674U	实用新型	已授权
14	一种可使排水管道施工时管节之间紧密贴合的辅助工具	CN215258179U	实用新型	已授权
15	一种用于排水管网检测修复时气囊封堵的辅助工具及使用方法	CN113090851B	发明	已授权
16	一种用于排水管网检测修复时气囊封堵的辅助工具	CN215258510U	实用新型	已授权
17	一种可使污水检查井施工和管道检测免导排的辅助工具	CN215253308U	实用新型	已授权
18	一种柔性和刚性管材通用的裂管法施工的破碎头	CN215234825U	实用新型	已授权
19	简易大型管道安装调整装置	CN215249228U	实用新型	已授权
20	便携式管道吊装装置	CN215258165U	实用新型	已授权
21	一种免切割式管井对口连接装置	CN215258459U	实用新型	已授权
22	用于水电站的便携式管道流量检测仪	CN215598470U	实用新型	已授权
23	用于清理检查井中泥沙的清掏工具	CN215253376U	实用新型	已授权
24	一种对初期雨水进行截流分流的环保雨水箅子	CN215253342U	实用新型	已授权
25	污水检查井检测修复系统及方法	CN113445608B	发明	已授权
26	污水检查井检测修复系统	CN215253319U	实用新型	已授权
27	一种检查井与管道的接口结构	CN215330347U	实用新型	已授权
28	一种用于过河的节能一体化污水泵站	CN216108848U	实用新型	已授权
29	模块化微型顶管工作井	CN216108622U	实用新型	已授权
30	一种用于检查井和管道接口处涌水的非开挖修复构件	CN113585430B	实用新型	已授权
31	克拉管电热熔连接装置	CN216100481U	实用新型	已授权
32	一种深邃系统排水结构	CN216108884U	实用新型	已授权
33	一种排水管渠跨越障碍物的系统	CN216108863U	实用新型	已授权
34	一种可调节装配式沟槽支护结构	CN216108547U	实用新型	已授权
35	一种整体拼装式横列板支护装置	CN216194800U	实用新型	已授权

三、科研项目

（一）公司科研项目

（1）长江大保护项目管网数据管理及数据库建设。

（2）内支撑管道机器人检测系统研究。

（3）山地箱涵机器人检测系统研究。

（4）高地下水位地区典型难检测污水管道的检测与修复技术研究。

（5）长江大保护城镇排水管网设计标准化研究科研项目。

（6）长江大保护小城镇污水处理厂站设计标准化研究科研项目。

（7）存量排水管网三维激光建模技术研究与示范应用。

（二）外部科研项目

城镇排水管网普查技术及原位修复技术研究。

（三）员工科研项目

（1）基于道路排水系统的污染雨水净化技术研究。

（2）智能分流井技术优化及长效运维措施研究。

（3）高地下水位地区管道沟槽回填对既有路基填料的利用。

（4）流沙地质条件下排水管网施工技术探究。

（5）HDPE 管接口焊接工艺优化。

（6）以巫山排水系统为例探索山地城市化粪池设置对污水处理提质增效的影响。

第四节　典型案例

一、六安市城北厂提质增效示范片区

（一）主要问题

（1）外水入流入渗严重。

（2）污水干管存在大管接小管现象。

（3）自流区和泵排区的高峰期污水排放量叠加造成的主干管高水位运行和污水冒溢。

（4）低峰期用水量偏少导致水质净化厂液位偏低，严重影响水泵运行效率等问题。

（5）城北水质净化厂存在污水处理厂高负荷、低浓度运行等问题，进水 COD_{Cr} 浓度月均值仅为 150mg/L 左右。

（二）解决方案

1．锚定工作重点，明确"1－3－5"工作模式

以"挤外水、控液位、优调度"为工作重点，确定"1－3－5"工作模式，具体工作模式及技术路线如图 3－19 所示。

（1）1 个统管计划：城北污水系统提质增效工作计划。

（2）3 个项目专班：排查设计专班，设计施工专班，运行调度专班。

（3）5 项重点任务：水质水量监测分析（含小区水质检测）、入渗管段（含沿河、穿河管段）检测修复，截流井及封堵排口溯源整治，高水位管段协同处置，厂－站－网联合调度探索。

2．聚焦问题点位，用好管网排查

明确"挤外水"，逐步聚焦问题点位，开展管网拓扑关系调查及水质水量预诊断，识别

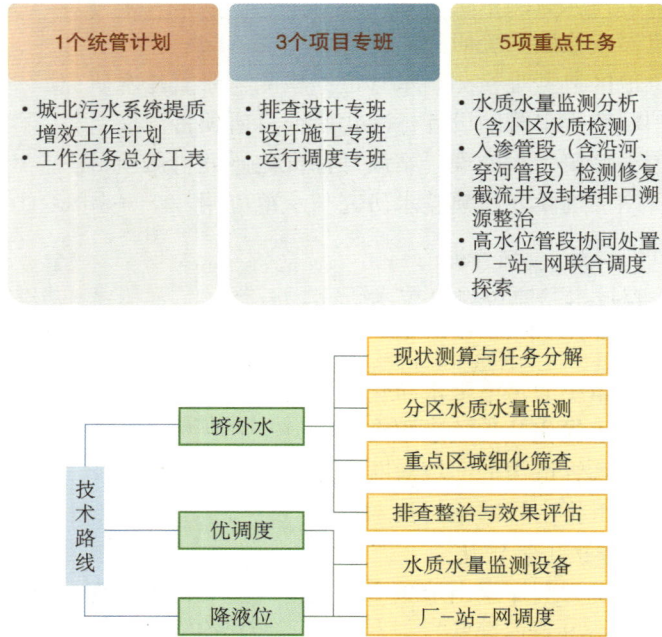

图 3-19 工作模式及技术路线

排水管网重点区域、关键管段及关键节点，如穿河管、截流管、主干管、困难管道检测，通过管网检测确定问题点位。在排查实施的过程中，注重将"传统排查＋新技术应用＋厂站调度"相互协调配合，有力保障排查工作"精准高效，突出重点"。排查探明了外水入流入渗是导致污水系统效能低的主要原因，清污混流、管道入渗是外水的主要来源。

3. 搭建数值模型，厘清边界条件

通过管网概化、理清排水方向、删除孤立节点或管段、确定排水口等方法初步完成六安区域排水管网模型搭建。在此基础上，对污水量、降雨量、外来水量三种边界条件进行模拟优化。按照总水量率定—分区率定—分区中监测点位率定的总体思路，依据实测数据对模型从大到小进行率定。

4. 明晰调度思路，优化调度方案

在无调度的情况下，由于自流区和泵排区峰值相遇，导致城北水质净化厂进水泵房液位在用水高峰期过高且持续时间长，而在用水低峰期液位又过低，对泵房运行效率造成影响。基于上述现象，通过优化调度方案，明确泵站时序调度、片区错峰调度、控制污水处理厂运行水位和雨季调度的四大调度思路。对于泵站时序调度，综合考虑保持现有调度规则对城北污水处理厂前池液位降低效果、尽可能合理控制二级泵站收水片区管网液位、减少泵站启停频次等因素，结合模型搭建和实测数据对调度方案进行修订和完善。

城北片区排水泵站时序调度示例如图 3-20 所示。

（三）治理效果

（1）城北污水处理厂进水 COD_{Cr} 浓度由之前的 150mg/L 提高到 210mg/L，实现进水浓度提升既定目标。

（2）通过厂站联合调度，城北污水处理厂进水泵房液位由 2022 年 4 月的 5.5m 持续降低

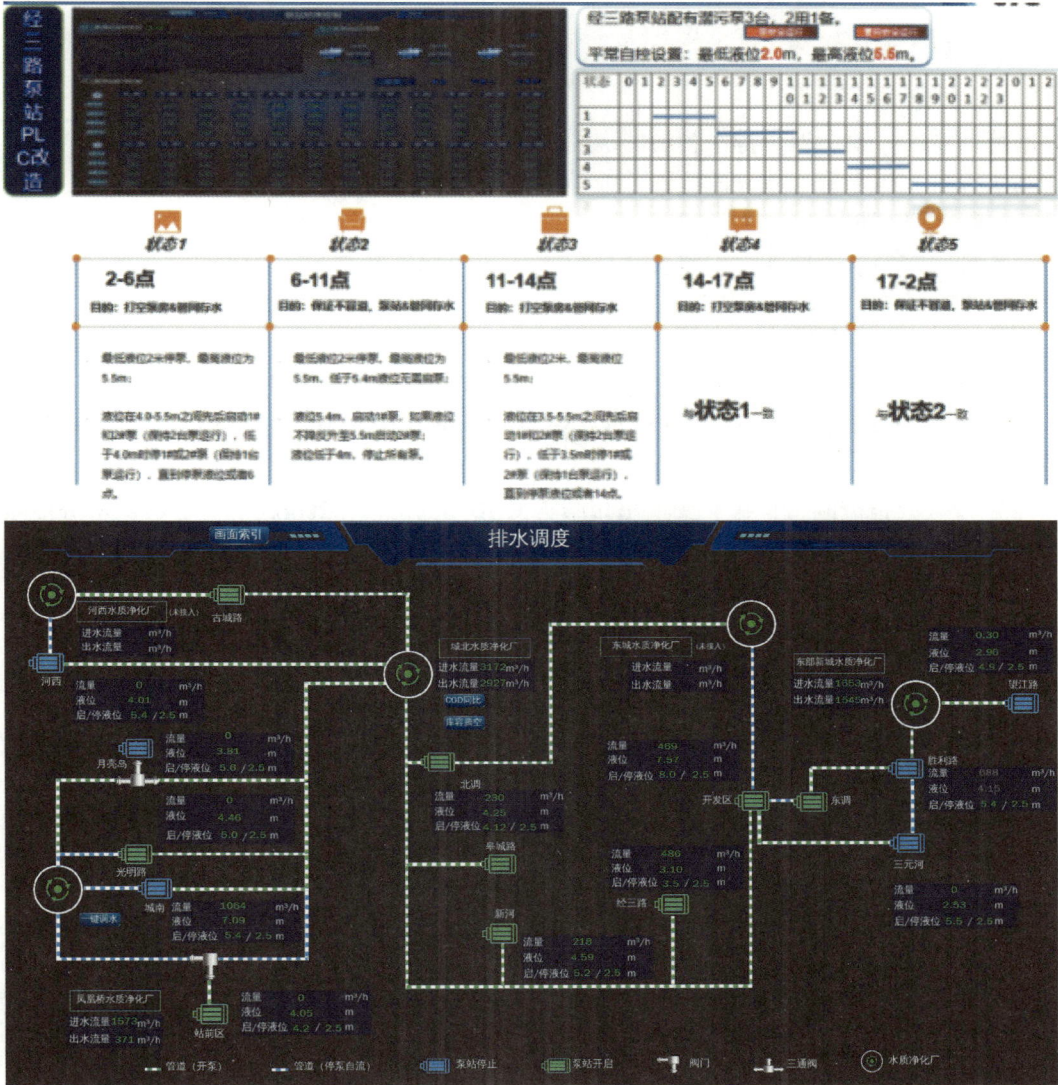

图 3 –20　排水泵站时序调度示例

至 10 月的 4.2m，日均进水量由 2021 年 10 月的 16.5 万 m^3 降低至 14.9 万 m^3。

（3）部分路段（如文蔚支路和平安路）管线满管时间大幅度减小，片区管网的流速最大增加约 0.16m/s，降低了管内淤积风险。

二、九江市长江大保护排水管网提质增效工程

（一）主要问题

（1）老城区雨污混接、合流入河问题突出，管道老旧缺陷严重。

（2）新城区污水收集、处理系统建设滞后。

（3）雨水管道系统不完善，老城区排雨标准低、断面过小、淤积严重。

（4）污水处理厂进水浓度低，处理效率低。

（5）沿江排放口影响长江水质，威胁水源安全。

（二）解决方案

1）排水管网探测、检测

厘清老城区、复杂地带排水管道的准确走向、尺寸；梳理现状雨污水系统，查清雨污混接、污水直排、污水管道缺失的位置、数量；全面普查管网病害。

2）排水管网补空白

对于排水管网缺失地区，按照长江环保集团建设标准新建排水管网。提高污水收集率，消除污水直排。

3）小区排水管网改造

根据小区排水管道出口晴天 COD_{Cr} 指标以及小区的现场条件，采用不同的改造方案：

（1）现状为合流制，且排水管道出口晴天 COD_{Cr} 水质大于 200mg/L 的小区，排水管道保留现状。

（2）现状为合流制，且排水管道出口晴天 COD_{Cr} 水质小于 200mg/L，且不具备分流条件的小区，对损害严重的管道进行原位翻排，新建一套排水管道。

（3）现状为合流制，具备雨污分流条件的小区，将现有合流管作为雨水管道，新建一套污水管网。

（4）现状为分流制的小区，对雨污水混接点进行改造，修复破损管道，取消化粪池。

4）清污分流

由于管道破损、老化、密闭性差等原因导致地下水、湖水入渗，是污水处理厂进水浓度低的主要原因。对服务范围污水管道采取全面的 CCTV 检测，针对检测发现的问题采取对应的修复措施。

5）雨污分流

在有条件的地区通过合流制系统的分流制改造将雨水、污水分开，减少通过因雨污合流导致的入湖污染。雨污分流方案因地制宜实施，尽量实现从小区排放源头到雨水排放口的彻底分流。同时，开展分流制区域的混错接改造，将混接、错接的生活污水接入污水管，收集到城镇污水处理厂处理，达标排放。

老城区等雨污分流困难的区域保留现状合流制，并对其进行改造。改造措施包括溢流口改造、截流井改造、管涵截流、溢流污水调蓄等措施，截流与调蓄的合流制污水通过污水处理厂、就地处理设施处理后排放。

（三）技术应用

1）综合物探法

开展地下综合管线探测定位、排水管网水量水质本底调查。全面摸排溯源，查清管网本底。

应用综合物探法探测地下管线，多种技术手段及多专业对排水管线探测成果进行复核验证，设计阶段对关键节点进行探沟开挖复核。地下暗埋箱涵探测示意图如图 3-21 所示。

2）机械制螺旋缠绕管道修复法

机械制螺旋缠绕管道修复前后效果对比如图 3-22 所示。

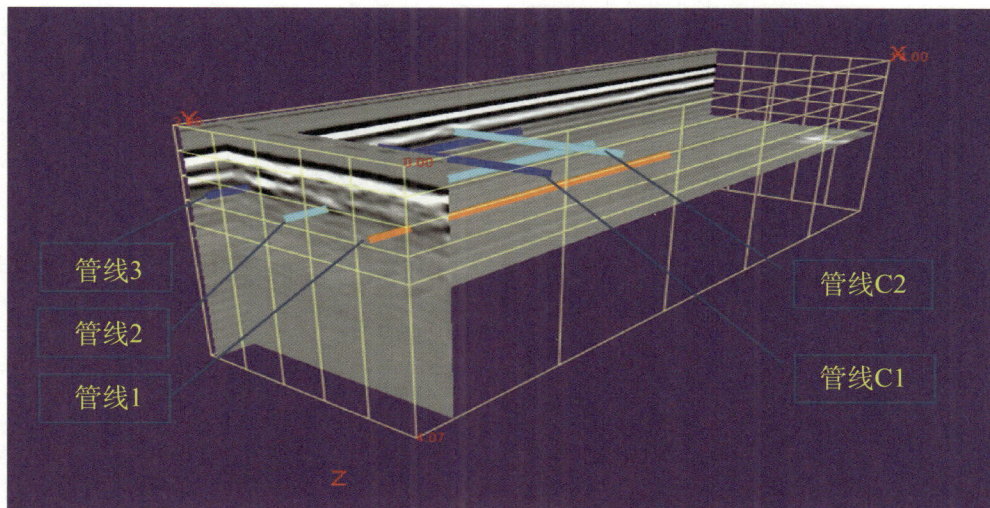

图 3 -21　地下暗埋箱涵探测示意图

修复前　　　　（a）对比图一　　　　修复后

修复前　　　　（b）对比图二　　　　修复后

图 3 -22　机械制螺旋缠绕管道修复前后效果对比

3）智能截流

针对旱季截污、初雨截流等不同功能需求，选用智能截流井，可实现污染控制水质调度与排水防涝安全调度的有效平衡。九江老船校 2 号排口智能截流井现场安装使用情况如图 3 -23 所示，在线运行监控数据如图 3 -24 所示。九江老船校 1、2 号排口采用智能截流井治理措施前后效果分别如图 3 -25、图 3 -26 所示。

图 3−23　智能截流井现场安装使用情况

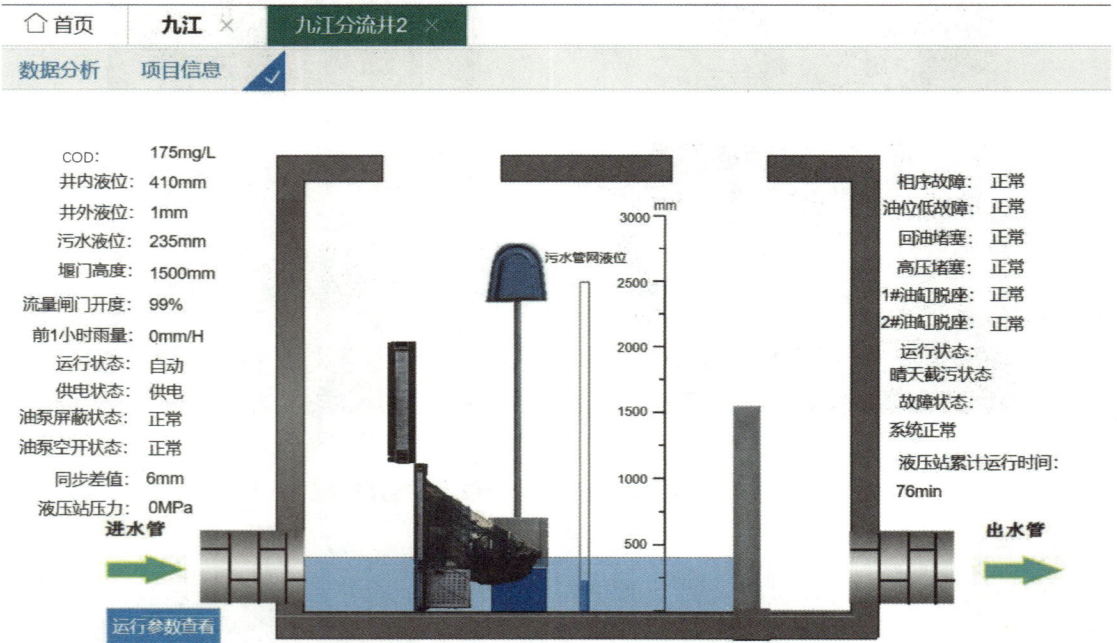

图 3−24　智能截流井在线运行监控数据

（a）治理前（传统截流井：晴天用水　　　（b）治理后（智能分流井：晴天用水
高峰期污水溢流）　　　　　　　　　高峰期污水不溢流）

图 3-25　九江老船校 1 号排口智能截流井截污效果

（a）治理前　　　　　　　　　　　（b）治理后

图 3-26　九江老船校 2 号排口智能截流井截污效果

4）调蓄池

新建调蓄池 4 座，总调蓄容积约 3 万 m³。晴天旱流污水通过调蓄池直接排入市政污水主管，经污水处理站处理后排放；雨天初雨及截流污水经调蓄池调蓄后，通过水泵提升排往污水处理厂处理。

5）装配式横列板支护体系

装配式横列板支护体系是将传统横列板支护结构中两根竖楞通过一根固定横梁组成单片受力结构，两片受力结构通过 4 根水平支撑杆连接组成一个适合不同宽度沟槽支护的装配式支护体系。优点为安全、施工速度快、成本低。

（四）治理成效

1）污水收集效能大幅提升

小区污水出水 COD_{Cr} 浓度大幅提升，小区内部污水收集率从 60% 提升至 90%。典型小区

改造前后出口 COD_{Cr} 浓度对比如图 3 – 27 所示。

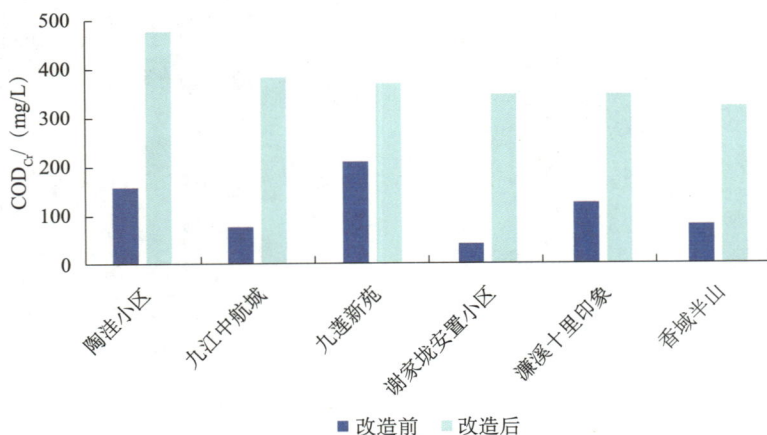

图 3 – 27　典型小区改造前后出口 COD_{Cr} 浓度对比

2）大幅削减排河污染物总量

每天减少约 7 万 m^3 污水直排河道，削减入河污染物 COD_{Cr} 约 5110t/年。

3）河道水质大幅提升

经过全方位系统性治理，两河（十里河、濂溪河）流域综合治理工程已初见成效，十里河及濂溪河的河道水质均得到了明显改善，十里河全线黑臭现象已基本消除。

三、岳阳市东风湖排口治理案例

（一）主要问题

东风湖为岳阳城市内湖，东风湖流域汇流面积为 18.8km²，现状水面面积为 2.42km²，现状水体黑臭，东风湖现状主要污染来源为点源直排，其次为分散性生活污水，再次为合流制溢流污染。东风湖上上湖、上湖、中湖、下湖被列入《全国地级及以上城市黑臭水体名单》，黑臭水体编号为 1226～1229，治理前污染情况如图 3 – 28 所示。

图 3 – 28　东风湖治理前污染情况

（二）解决方案

（1）按照长江大保护相关技术标准要求对排口进行全面详细排查和调查。现场摸排发现东风湖周边沿线共有排污口 34 个。

（2）结合东风湖流域开展的排水管网提质增效工程，对排口进行分类改造。

（3）在雨水排口和合流制溢流排口安置在线监测设备，对排口水量的变化趋势进行监测。对东风湖水环境容量进行核算，根据水环境核算结果，结合排口监测数据，分析排口对东风湖水体的影响。

（4）根据分析结果，优选排口的治理措施为：

雨水排口：在雨水排口末端的检查井的前端设置旋流沉砂器，利用水流的动能和势能对雨水中的污染物进行去除，SS 去除率在 60% 左右，COD_{Cr} 去除率在 31% ~ 64%。

合流制排口：在污染物溢流量大、不满足东风湖水环境容量的两个大排口（高家组和青年堤排口）分别设置截流调蓄系统。其中高家组调蓄池调蓄量 5500m³，青年堤调蓄池调蓄量 30 000m³。并对各合流制溢流排口采用"强化耦合膜生物反应技术（EHBR）+ 复合纤维浮动湿地"组合工艺对溢流污水进行强化处理。

（三）技术应用

（1）每个雨水排口末端与上一个检查井中间新建一个分流井和设备井，放置一套旋流沉砂器，对初期雨水进行净化，COD_{Cr} 去除率 > 30%，SS 去除率 > 50%。旋流沉砂器工作原理示意图如图 3-29 所示。

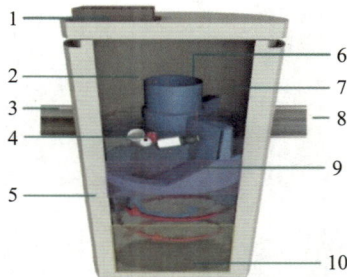

图 3-29　旋流沉砂器工作原理示意图

1—雨水口格栅；2—进水槽；3—进水管；4—漂浮物去除槽；5—混凝土外腔；
6—内部旁路；7—出水槽；8—出水管；9—油污和漂浮物存储区；10—沉积物存储井

（2）以强化耦合生物净化技术（EHBR 膜）为核心技术的"EHBR 膜 + 生态浮岛"组合工艺作为合流制溢流排口强化处理工艺。设计出水水质为地表水Ⅳ类标准。

（四）治理成效

经过模拟分析和实测数据分析，东风湖排口经治理后，污染物排放总量削减比例平均达到 90% 以上，对消除东风湖黑臭做出了重要贡献。

四、九江市湖滨小区地块管网改造

（一）项目概况

湖滨小区始建于 1995 年，共有南区、北区、东区三个部分，总用地面积约 167 680m²，小区内约有 3514 户居民,总人口约 12 300 人。小区内部主要为 6~7 层建筑,沿街底层为商铺。

(二) 主要问题

(1) 南北区现状管网存在的问题:①雨水主管管径为 DN200~DN500,管径偏小,标准过低,排水能力不足,导致小区积水严重。②小区内部雨污管道混接频繁,破损严重。③化粪池、污水管道和雨水箅子等堵塞严重,雨落管存在破裂、错位现象。

(2) 东区现状管网存在的问题:①合流管部分管段管径为 DN100,管径过小,标准过低,排水能力不足。②化粪池、管道和雨水箅子等堵塞严重,雨落管存在破裂、错位现象。

(三) 解决方案

(1) 东区、北区、南区均重建雨污分流制系统。

(2) 小区内现有化粪池全部拆除。

(3) 混接有阳台废水的雨落管均改造为污水管,并在其附近合适位置处新建雨落管,雨落管全部断接处理,雨水散排至雨水管网。

(4) 小区内部餐饮商铺等须按要求装设隔油器后,污水方可排入管道。

湖滨小区管网改造施工现场情况如图 3-30 所示。

图 3-30　湖滨小区管网改造施工现场

(四) 改造成效

通过重建雨污分流制系统、改造雨污管道混错接点、拆除化粪池等措施,湖滨小区污水系统出口 COD_{Cr} 浓度提升明显。湖滨小区 2021 年 5 月污水检查井 COD_{Cr} 监测数据显示,各点位雨天 COD_{Cr} 均值均大于 250mg/L,晴天 COD_{Cr} 均值均大于 270mg/L,晴雨天 COD_{Cr} 均值均大于 250mg/L,如图 3-31 所示。

改造后的湖滨小区焕然一新,如图 3-32、图 3-33 所示,小区内的街道干净整洁,行车井然有序,不再出现污水外溢、雨水内涝、排水淤滞等问题,污水收集率大幅提升,极大改善了人居环境。

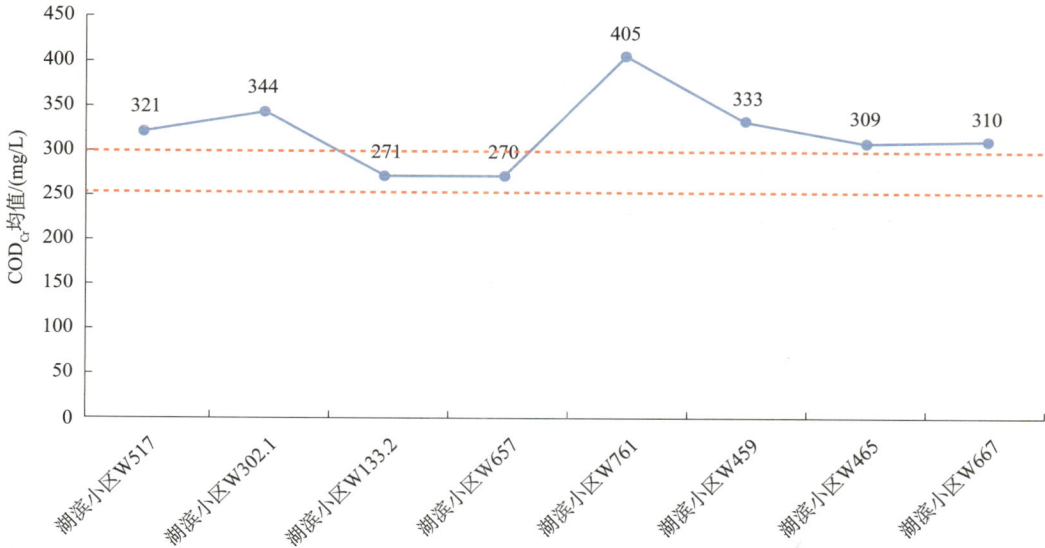

图 3-31　湖滨小区 2021 年 5 月污水检查井 COD_{Cr} 数据

（a）改造前　　　　　　　　　（b）改造后

图 3-32　湖滨小区改造前后对比图

（a）改造前　　　　　　　　　（b）改造后

图 3-33　改造后的湖滨小区

第四章 污水处理及资源化

第一节 技术路线

三峡集团开展长江大保护工作，以城镇污水处理作为切入点，强调"泥水并重""资源能源回收""城镇污水全收集、收集全处理、处理全达标及综合利用"等理念和方针。按照上述理念和方针，同时遵循技术上应同时具备先进性和适用性、对进水水量和水质冲击负荷的适应能力强、能确保出水稳定达标，同时应符合节能环保和碳减排政策导向等要求，在综合考虑污水处理规模、厂址及用地条件、原水水质、排放标准、投资及运营成本、示范效应等因素的前提下，遵循"一城一策、因地制宜"的原则，在实践中总结提炼了7条典型的城镇污水处理及回用工艺路线，并结合股权单位自有技术的应用情况总结了6项大保护污水处理核心技术。

一、格栅、沉砂 + A²O 生化 + 混凝沉淀 + 过滤 + 消毒

（一）适用条件

规模大于 1.0 万 t/d、一级 A 排放标准、进水可生化性较好（B/C 大于 0.35）、用地不受限的常规新建项目。

（二）工艺路线简介

"格栅、沉砂"为预处理单元，此单元一般设置粗格栅、进水泵房（视情况设置）、细格栅、沉砂池；"A²O 生化"为主处理单元，一般采用"A²O 生化池 + 二沉池"组合；"混凝沉淀、过滤、消毒"为深度处理单元，其中过滤可采用砂滤、滤布、精密过滤等手段，消毒可采用次氯酸钠或紫外线，出水可达标排放，也可回用，回用时必须投加长效消毒剂。

（三）典型工艺流程

粗、细格栅→沉砂池→A²O 生化及二沉池→高效澄清→过滤→消毒→排放/回用。

二、格栅、沉砂 + A²O – MBR + 消毒

（一）适用条件

规模大于 1.0 万 t/d、一级 A 或准Ⅳ类排放标准（不考虑 TN）、进水可生化性较好、用

地紧张的改扩建项目或地埋式污水处理项目。

（二）工艺路线简介

"格栅、沉砂"为预处理单元，此单元一般设置粗格栅、进水泵房、细格栅、沉砂池、膜格栅；A^2O – MBR 综合了生化处理和深度处理功能，消毒可采用次氯酸钠或紫外线，出水达标排放或回用（回用时投加长效消毒剂）。

（三）典型工艺流程

粗、细格栅→沉砂池→膜格栅→A^2O – MBR 膜池→消毒→排放/回用。

三、格栅、沉砂 + A^2O 生化 + 深床/硫自养脱氮滤池 + 臭氧高级氧化 + 消毒

（一）适用条件

规模大于 2.0 万 t/d、准Ⅳ类排放标准（TN≤10mg/L）、对新兴污染物有去除要求的新型水质净化厂项目（新建或改造项目）。

（二）工艺路线简介

"格栅、沉砂"为预处理单元，此单元一般设置粗格栅、进水泵房（视情况设置）、细格栅、沉砂池；"A^2O 生化"为主处理单元，一般采用"A^2O 生化池 + 二沉池"组合；"深床滤池/硫自养脱氮滤池 + 臭氧高级氧化 + 消毒"为深度处理单元，消毒可采用次氯酸钠或紫外线，出水可达标排放，也可回用，回用时必须投加长效消毒剂。

（三）典型工艺流程

二级出水→深床滤池/硫自养脱氮滤池→臭氧高级氧化→消毒→排放/回用。

四、格栅、沉砂 + A^2/RPIR + 混凝沉淀 + 消毒

（一）适用条件

规模大于 1.0 万 t/d、一级 A 排放标准、用地紧张、施工周期短的应急处理工程（设施有回收需要）。

（二）工艺路线简介

"格栅、沉砂"为预处理单元，此单元一般设置粗格栅、进水泵房（视情况设置）、细格栅、沉砂池；"A^2/RPIR"为主处理单元，实现生物脱 N 除 P、COD_{Cr} 降解和二沉池的功能，该单元可实现工厂定制，现场快速拼装、使用后方便重复利用；"混凝沉淀、消毒"为深度处理单元，其中混凝沉淀一般采用高效澄清池（可投加磁粉提高效率），消毒采用紫外线，出水可达标排放。

（三）典型工艺流程

粗、细格栅 → 沉砂池→ A^2/RPIR 池 → 高效澄清 → 消毒 → 排放/回用。

五、格栅、沉砂 + HPB 生物池 + 混凝沉淀 + 过滤 + 消毒

（一）适用条件

规模大于 1.0 万 t/d、一级 A 排放标准、用地紧张、征地拆迁难、施工周期短的新建或

者提标扩容污水处理项目。

（二）工艺路线简介

"格栅、沉砂"为预处理单元，此单元一般设置粗格栅、进水泵房（视情况设置）、细格栅、沉砂池；"HPB生物池"为主处理单元，通过向生物池中投加复合粉末载体，提高生物池污泥浓度，并通过污泥浓缩分离单元、复合粉末载体回收等单元，实现了双泥龄，最终强化生物脱氮除磷；"混凝沉淀、过滤、消毒"为深度处理单元，其中混凝沉淀一般采用高效澄清池（可投加磁粉提高效率），过滤采用砂滤池，消毒采用紫外线，出水可达标排放。

（三）典型工艺流程

粗、细格栅 → 沉砂池 → HPB生物池 → 高效澄清 → 过滤 → 消毒 → 排放/回用。

六、格栅、沉砂 + 多级 AO 或改良 A^2O + 混凝沉淀 + 深床脱 N 滤池 + 消毒

（一）适用条件

规模大于1.0万 t/d、准Ⅳ类排放标准（TN≤10mg/L）的新建或提标改造项目。

（二）工艺路线简介

"格栅、沉砂"为预处理单元，此单元一般设置粗格栅、进水泵房（视情况设置）、细格栅、沉砂池；"多级 AO 或改良 A^2O"为主处理单元，实现强化生物脱 N 除 P、COD_{Cr} 降解和二沉池的功能；"混凝沉淀、深床脱 N 滤池、消毒"为深度处理单元，其中混凝沉淀可采用高效澄清池，深床脱 N 滤池进一步去除 TN，同时起到过滤作用，保证出水稳定达标，消毒可采用次氯酸钠，出水可排放或回用。

（三）典型工艺流程

粗、细格栅→沉砂→多级 AO 或改良 A^2O→高效澄清→深床滤池→消毒→排放/回用。

七、污水处理厂尾水 + 砂滤/膜过滤 + 高级氧化 + 消毒

（一）适用条件

污水处理厂周边有用水需求大、对回用水水质要求高的工业企业，需要供给高品质再生水的项目。

（二）工艺路线简介

达到一级 A 及以上排放标准的污水处理厂尾水，经自流或加压输送至再生水厂（再生水厂与污水处理厂可因地制宜合建或分建），依次经过砂滤或膜过滤单元、高级氧化池（去除难降解有机污染物）、消毒池（一般用次氯酸钠）灭菌处理后，产生的高品质再生水经中水泵房和专用管道输送至目标用户。

（三）典型工艺流程

污水处理厂尾水 → 超滤 → 臭氧接触池 → 消毒池 → 回用。

第二节　核心技术

一、污水处理厂 + 分布式光伏

为了服务共抓长江大保护国家战略，践行"两翼齐飞"战略，探索可持续发展路径，三峡集团策划了"污水处理厂 + 分布式光伏"（简称"+ 光伏"）业务模式，并成功开展芜湖污水处理厂分布式光伏项目试点（简称"芜湖光伏项目"）。目前，芜湖光伏项目已稳定投产运行超半年，为了加快"+ 光伏"模式的复制推广，特将试点项目模式经验进行梳理总结。

"+ 光伏"模式即结合污水处理厂用电量稳定、电价高、用电成本占比较大的特点，发挥三峡集团传统清洁能源业务优势，充分利用污水处理厂空间资源，在办公楼及厂房屋顶、污水池上方架设光伏发电系统将太阳能转换为电能，并就近在污水处理厂内消纳。该模式旨在挖掘大保护项目资产经营潜能、提升盈利水平，打造污水处理厂经济单元，同时为大保护项目提供清洁、安全、低成本的绿色电能，助力长江经济带"双碳"目标实现。

截至目前，已建或拟建的长江大保护污水处理厂分布式光伏项目有 5 个，详见表 4 - 1。

表 4 - 1　已建或拟建的长江大保护污水处理厂分布式光伏项目

项目名称	项目概况	降碳情况	备注
芜湖项目	利用芜湖市朱家桥、城南、滨江、大龙湾、城东、高安、天门山 7 座污水处理厂水池及建筑物屋顶建设分布式光伏项目。规划装机容量 14MW，建成后年均发电量约为 1400 万 kW·h	截至 2022 年 12 月底，累计发电量 460 万 kW·h，节约标准煤 0.16 万 t，减少 CO_2 排放约 0.42 万 t，减排 SO_2 约 129.90t，减排氮氧化物约 63.45t，减排碳粉尘约 1150.56t	投产
利辛项目	利用利辛县城污水处理厂和经开区污水处理厂水池及建筑物屋顶建设分布式光伏项目。规划装机容量 2.17MW，建成后年均发电量约为 218 万 kW·h	截至 2022 年 12 月底，已投产装机容量 0.5388MW，节约标准煤约 0.07 万 t，减少 CO_2 排放约 0.17 万 t，减排 SO_2 约 15.72t，减排氮氧化物约 4.56t	在建
六安项目	利用六安市凤凰桥污水处理厂、东部新城污水处理厂、经开区（城东）污水处理厂、河西污水处理厂、城北污水处理厂、城南污水处理厂水池及建筑物屋顶建设分布式光伏项目。规划装机容量 10.4MW，建成后年均发电量约为 1055.37 万 kW·h	截至 2022 年 12 月底，已投产装机容量 1.2MW，累计发电 14.4 万 kW·h，节约标准煤约 0.32 万 t，减少 CO_2 排放约 0.82 万 t，减排 SO_2 约 76t，减排氮氧化物约 22.1t	在建
岳阳项目	利用岳阳市区及周边 8 个污水处理厂水池及建筑物屋顶建设分布式光伏项目。规划装机容量 7MW，建成后年均发电量约为 646.4 万 kW·h	截至 2022 年 12 月底，已投产装机容量 1.4MW，累计发电 13.3 万 kW·h，节约标准煤约 0.20 万 t，减少 CO_2 排放约 0.66 万 t，减排 SO_2 约 49t，减排氮氧化物约 24.5t	在建

项目名称	项目概况	降碳情况	备注
九江项目	利用九江市区 3 座污水处理厂水池及建筑物屋顶建设分布式光伏项目。规划装机容量 4.34MW，建成后年均发电量约为 360 万 kW·h	每年提供绿色电能超 360 万 kW·h，节约标准煤约 0.12 万 t，减少 CO_2 排放约 0.29 万 t，节水约 1.53 万 t，减排 SO_2 约 29.79t，减排氮氧化物约 25.60t，减排烟尘约 12.42t	拟建

二、超滤膜 MBR 污水处理技术

（一）技术来源

超滤膜 MBR 技术来源于世浦泰集团（长江环保集团参股企业之一），为该企业自有技术。世浦泰集团是全球领先的高端膜制造企业，是以先进的水处理技术、实施工艺和核心设备为依托的全方位一站式水处理服务提供商，目前中国总部位于上海，欧洲业务总部位于德国，在德国拥有工业 4.0 打造的欧洲产能最大、制造工艺最先进的 MBR 超滤膜制造基地。

（二）技术简介及原理

该技术是一种将超滤膜分离技术与活性污泥法相结合的污水处理工艺。相比常规的 MBR（膜生物反应器）工艺，该技术在膜材料方面，采用了孔径只有 $0.03\mu m$ 的超滤膜，不同于传统 MBR 工艺常用的微滤膜（孔径大于或等于 $0.1\mu m$）；在膜元件类型方面，采用了柔性平板膜或带内衬中空纤维膜形式，相对传统的刚性平板膜，柔性平板膜无刚性塑料板支撑，膜片直接复合在 3D 织物两侧，提高了装填密度，相对传统的中空纤维膜，带内衬中空纤维膜膜丝带内衬，膜丝拉伸强度提高到 600N，不会断丝；在膜吹扫的曝气形式方面，采用了节能脉冲曝气形式。

（三）技术优势

（1）出水水质好。由于该技术可实现生化系统相比传统处理工艺更高的 MLSS 浓度，更长的泥龄，生化处理的效率和效果更优，再加上最终出水是通过孔径 $0.03\mu m$ 的超滤膜过滤，出水的浊度不到 0.5NTU。对于常规生活污水，该技术结合生化池的设计可以实现出水达到地表水准三类标准。

（2）占地面积省。该技术的生化系统的 MLSS 浓度可达 8000~10 000mg/L，是传统处理工艺生化系统 MLSS 浓度的二倍以上，生物池的土建占地面积不到传统工艺的一半。此外，该技术无须后接高效沉淀池、反硝化滤池等深度处理工艺，节约了深度处理的占地。采用该技术的污水处理厂的占地面积不到传统工艺的一半。

（3）可实现无新增用地情况下的原厂提标和扩能。对于有扩能和提标需求的现有城镇污水处理厂，可以通过在已有二沉池里安装膜组器，无须另征用地及生化池池容无增加的情况下，实现现有污水处理厂处理产能翻倍，同时出水标准从一级 B 提升至准地表四类水或三类水的标准。

（4）膜通量大。该技术所采用膜的膜通量可达到 22~28L/（m^2·h），比国内常见 MBR

膜的膜通量高出 50% 以上。

（5）膜使用寿命长。该技术所采用膜的使用寿命在生活污水中可达 10 年，是国内常见 MBR 膜使用寿命的 2 倍。

（6）膜系统运行能耗低。不同于膜吹扫常见的采用穿孔管连续曝气形式，该技术创造性地采用了先进的节能脉冲曝气技术，膜吹扫气水比只有 3：1～4：1，膜吹扫需气量只有传统膜的 1/3，大幅节约了膜系统的运行能耗。

三、硫自养反硝化脱氮技术

（一）技术来源

硫自养反硝化脱氮技术来源于中持水务股份有限公司（长江环保集团参股企业之一，简称中持水务），为该企业自有技术。中持水务是一家创新型的综合环境服务商，以"创造安全、舒适、可持续的环境"为使命，主要业务领域包含城镇污水处理、工业园区及工业污水处理、地下水修复、污泥处理处置、综合环境治理。

（二）技术简介及原理

硫自养反硝化脱氮技术是一种无须外加有机碳源即可实现水中硝态氮深度去除的新型生物脱氮技术。该技术的核心技术产品包括自主研发的复合活性生物载体、功能菌剂以及非碳源依赖型深度脱氮工艺，摆脱了传统市政污水深度脱氮过程对碳源的依赖，解决了碳源精准投加困难，出水 COD_{Cr} 超标风险高等传统脱氮技术的痛点，具有脱氮效率高、运行成本低、应用范围广等显著优势。

（三）技术优势

（1）摆脱碳源依赖、降低碳排放。该技术属于自养型反硝化脱氮技术，自养型微生物以复合活性生物载体（ThiocreF®）作为电子供体，替代传统异养型反硝化技术以有机碳源作为电子供体，从根本上摆脱对碳源的依赖，成功地解决了碳源穿透问题和 COD_{Cr} 超标问题，并且降低污水处理厂碳排放量，符合碳中和发展趋势。

（2）降低运行成本。复合活性生物载体（ThiocreF®）是一种自主研发的以硫铁作为基质的复合活性生物载体，其运行成本与外加有机碳源相比可节省 30%～50% 的运行费用。

（3）降低能耗。该工艺反洗频率低，能够大大降低能耗，仅是传统工艺的 20%。

（4）产泥率低。该工艺的污泥产率约为处理 1gN 产生 0.15gSS 污泥，是传统工艺的 10% 左右，能极大地减少污泥处置成本。

（5）安全。复合活性生物载体（ThiocreF®）材料安全有保障，为非自燃、易燃固体，使用过程按照非危化品管理。

四、生物吸附多效澄清技术

（一）技术来源

生物吸附多效澄清技术来源于中持水务股份有限公司（长江环保集团参股企业之一），为该企业自有技术。

（二）技术简介及原理

该技术主要针对雨季溢流污水的快速生化处理技术，适合雨季合流制污水水质水量变化大、处理要求高的需求。主要原理是通过活性污泥对溶解性有机污染物的快速吸附，强化絮凝对颗粒性污染物的网补和卷扫，可以最大限度地快速削减有机污染物，同时高负荷污泥携带有机负荷污泥可回流至主工艺线生化池作为补充碳源或协同外部有机废弃物集中处理实现有机生物质能的循环利用。

（三）技术优势

污染物去除效率高，沉淀效果好，SBOD 降解效率大于 60%，TBOD 降解效率大于 85%。

五、城市污水非有机碳源脱氮工艺

（一）技术来源

该技术为长江环保集团与武汉大学联合研发的污水脱氮新技术，长江环保集团享有知识产权。

（二）技术简介及原理

采用"微生物固定化活性载体—非有机碳源脱氮—高速纤维过滤"组合工艺，在脱氮塔内的活性载体中预先高密度植入高效率的人工培植的反硝化菌群，强化反硝化过程，提高反硝化效率和脱氮效果，在不投加有机碳源的条件下，脱氮效率大于 85% 或尾水 TN 浓度小于 3 mg/L。

（三）技术优势

本工艺水力停留时间 30～60min，尾水 TN 可小于 3mg/L，TP 可小于 0.1mg/L，污水处理费用为 0.1～0.15 元/t，处理效果优于传统工艺，运行费用比传统工艺低 20%～30%。

六、生物膜强化脱氮多级 AO 技术

（一）技术来源

该技术为常规技术，在长江大保护污水处理厂中有较多应用。

（二）技术简介及原理

城市污水生物膜强化脱氮多级 AO 技术是在各级缺氧区和好氧区分别投加填料强化脱氮，原水分别进入各级缺氧区，污泥回流到系统首端，无内回流设施。第一级缺氧区利用原水碳源对回流污泥的硝酸盐氮进行反硝化，同时进行短程反硝化实现深度脱氮，然后，污水流入第一级好氧区进行硝化，以后各级依此类推，出水经二沉池后达标排放。

（三）技术优势

（1）采用多点进水的模式，能够合理利用污水中的有机碳源，节省外加碳源的投加费用。

（2）工艺通过向系统中投加填料以增加生物量，特别是强化自养生物生长，实现城市污水的深度脱氮。

（3）无须内回流设施，节省回流电耗及运行成本。

第三节 技术支撑体系建设

一、标准化文件

（1）Q/CTG 401《长江大保护城镇水质净化厂工艺调试与试运行导则》。

（2）Q/YEEC 004《长江大保护城镇水质净化厂运行导则》。

（3）Q/YEEC 014《长江大保护城镇水质净化厂运行维护规程 第 1 部分：预处理工艺段》。

（4）Q/YEEC 015《长江大保护城镇水质净化厂运行维护规程 第 2 部分：生化处理工艺段》。

（5）Q/YEEC 016《长江大保护城镇水质净化厂运行维护规程 第 3 部分：深度处理工艺段》。

（6）Q/YEEC 017《长江大保护城镇水质净化厂运行维护规程 第 4 部分：污泥处理系统》。

（7）Q/YEEC 018《长江大保护城镇水质净化厂运行维护规程 第 5 部分：臭气处理系统》。

（8）Q/YEEC 019《长江大保护蓝色水质净化厂建设指南》。

（9）《长江大保护污水处理厂技术控制要点》。

二、专利

主要污水处理技术专利见表 4 – 2。

表 4 – 2 污水处理技术专利

序号	专利名称	授权号/登记号	知识产权类型	备注
1	一种智能化污水处理设备	CN215249930U	实用新型	已授权
2	一种一体化小型污水处理装置	CN215855645U	实用新型	已授权
3	耦合生物处理和生态处理的污水净化一体化装置	CN215855653U	实用新型	已授权
4	一种城镇污水处理厂尾水胁迫下湖泊水质提升装置	CN215855663U	实用新型	已授权

三、科研项目

（1）长江大保护之城市污水处理概念厂应用研究。

（2）城镇污水处理厂非有机碳源脱氮新工艺研究及工程示范。

（3）长江大保护小城镇污水处理厂站设计标准化研究科研项目。

第四节　典型案例

一、宜兴城市污水资源概念厂

宜兴城市污水资源概念厂位于江苏省宜兴市环保大道西侧、科技大道北侧地块的环科园，占地面积120.5亩（约80 333m²）。秉承"污水是资源，污水处理厂是资源工厂"的理念，以"水质永续、资源循环、能量自给、环境友好、适应灵活和智慧融合"为目标定位，集成减污降碳先进技术，着力将传统污水处理厂建设成为面向未来的城市能源工厂、水源工厂、肥料工厂等高水平污水处理新概念厂。

宜兴城市污水资源概念厂（见图4－1）采用"三位一体"的形式建设，即由2万t/d的水质净化中心、100t/d的有机质协同处理中心和生产型研发中心三部分组成。污水处理达到了极限脱氮除磷效果，其性价比明显优于现行的国内污水处理厂。有机质协同处理中心可处理污泥、蓝藻、畜禽粪便和秸秆，以产生能源（能源自给率＞60%）和肥料；生产型研发中心由2条千吨线、3条百吨线组成，实时展示全球最先进的污水处理技术。

水质净化中心实现极限脱氮除磷（TN＜3mg/L、TP＜0.1mg/L），排放标准显著优于国家和江苏省标准，生产出可达生活饮用水标准的永续水（Water X），如图4－2所示；有机质协同处理中心每日生产8000m³提纯沼气，发电超过1.8万kW·h。已实现了厂区内总能源65%～85%的自给率，水质净化中心实现了100%能源自给。减污降碳成效不仅大幅优于国内传统污水处理厂的能源回收现状，更是已比肩欧美等发达国家污水处理厂的平均能源回收效率。

图4－1　宜兴城市污水资源概念厂

图 4 - 1 宜兴城市污水资源概念厂（续）

重新诠释污水处理厂和城市的关系，打造集成污水处理技术示范与研发基地、城市生态示范基地、循环经济示范基地、环保科技教育基地、城市特色景观公园于一体的开放、共享的新型城市空间，将污水处理厂由城市负资产转变为正资产，成为面向未来的新型环境基础设施建设典范，入选国家"奋进新时代"主题成就展，引领带动污水处理行业发展。

图 4 - 2 概念厂内生产的永续水（Water X）

二、芜湖市朱家桥污水处理厂三期工程

芜湖市朱家桥污水处理厂位于安徽省芜湖市外贸港埠公司以北、长江路西侧，总占地面积约 22.3hm²，规划总规模 45 万 t/d，共分四期建设，其中：一期 10 万 t/d，二期 12 万 t/d，

三期和四期均为 11.5 万 t/d，建设效果如图 4-3 所示。

图 4-3　芜湖市朱家桥污水处理厂建设效果图

三期工程新增处理规模为 11.5 万 t/d，朱家桥污水处理厂总处理规模扩容至 33.5 万 t/d。主体工艺采用节地、高效的"A^{2}O-MBR"主体工艺，其中 MBR 系统采用浸没式超滤平板膜（见图 4-4、图 4-5），污水消毒采用次氯酸钠，整体出水水质执行 GB 18918—2002《城镇污水处理厂污染物排放标准》中的一级 A 排放标准。长江处于低水位时，尾水通过厂内排涝沟自排长江；长江处于高水位时，尾水通过出水泵房排入长江。工艺流程如下：

进水→粗格栅进水泵房→曝气沉砂池→A^{2}O 池→MBR 池→消毒→长江

本项目总投资约 36 870 万元，其中第一部分工程费用 31 700 万元，单位水量总处理成本 1.88 元/t，单位水量经营成本约 1.37 元/t。据悉，该工程为已建的世界第二大、中国第一大处理规模的 MBR 平板膜工程应用案例，项目于 2020 年 10 月通水运行，目前出水全部指标稳定达到一级 A（部分指标达到三类水标准）。

图 4-4　浸没式超滤平板膜 MBR 工艺膜池及膜设备间

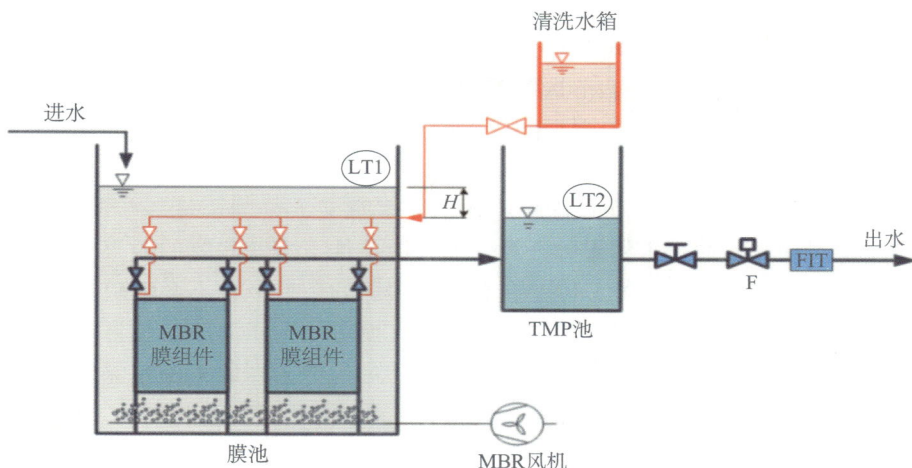

图4-5　浸没式超滤平板膜污水处理工艺原理图

三、六安市凤凰桥污水处理厂二期工程

六安市凤凰桥污水处理厂二期工程是安徽省六安市城区水环境（厂-网-河）一体化综合治理一期PPP项目的子项，项目设计规模为4万 m^3/d ，出水水质要求同时达到GB 18918—2002《城镇污水处理厂污染物排放标准》中的一级A标准和DB 34/2710—2016《巢湖流域城镇污水处理厂和工业行业主要水污染物排放限值》中的新建城镇污水处理厂主要水污染物排放限值标准。

作为长江环保集团对新概念污水处理厂的初步尝试，六安市凤凰桥污水处理厂（即六安新型城镇水质净化厂）遵循"水质永续、资源回收、能源自给、环境友好、适应灵活、智慧融合"等理念，引进硫自养反硝化脱氮、臭氧高级氧化、海绵城市低影响开发、工艺优化控制系统、光伏发电系统、厂区智慧安防、景观共享及科普展示等新技术和新理念，着力打造具有三峡治水特色的新型城镇水质净化厂，建设效果如图4-6所示。

图4-6　六安市凤凰桥新型城镇水质净化厂建设效果图

本项目总投资约 14 600 万元，其中第一部分工程费用 12 500 万元，单位水量总处理成本 2.30 元/t，单位水量经营成本约 1.85 元/t，主体工艺流程如下：

二级生化出水→深床滤池/硫自养脱氮滤池→臭氧高级氧化→消毒→排放。

六安新型城镇水质净化厂集中应用了如下新技术和新理念：

（1）硫自养反硝化脱氮技术。通过模拟计算，经过二级处理之后的出水 TN 可以满足达标排放要求，本项目采用硫自养反硝化脱氮技术更多意义上是为了进一步削减 TN 的排量，改善水生态环境，同时也通过工程来验证无外加碳源条件下生物脱氮的效果。硫自养滤池不需要外加碳源就可以实现极限脱氮，但是在有外加碳源的条件下也不会对硫自养滤池产生负面影响。深床滤池在国内已有较多应用，本项目一方面对比深床滤池与硫自养滤池的运行效果，另一方面确认硫自养滤池在国内替代深床滤池的可行性，因此采用与深床滤池相同的设计参数。本次示范工程极限脱氮系统的设计规模为 3 万 m^3/d，滤池分 5 格，其中 3 格作为深床滤池运行，2 格作为硫自养滤池运行。3 格为深床滤池，即便硫自养滤池运行效果欠佳，整体的出水水质依旧可以保证较高的水平；2 格硫自养滤池平行运行，具备了示范工程的规模，同时保证运行的可重复性。

（2）臭氧高级氧化。污水中新兴污染物的去除是近年来污水处理行业新的关注点和难点。污水中主要的新兴污染物包括：持久性有机污染物（如多溴联苯醚、全氟有机酸、石蜡、微塑料），药物及个人护理品（抗生素、杀菌剂、防晒霜、合成麝香等），内分泌干扰素（包括自然及人工合成的雌雄激素等会干扰生物正常荷尔蒙功能的物质）等，以上新兴污染物除自身毒性外，还可通过吸附作用累积其他传统及新兴污染物，被浮游生物吃掉后通过食物链形成富集效应，从而最终危害到人类的健康。发达国家已开始重视污水中新兴污染物的去除，我国也开展了相关的研究，但工程应用鲜见。本项目引进臭氧高级氧化系统，是为了确保出水稳定达标的同时，进一步降解水中的新兴污染物，保证出水的高品质（水质可持续）。

（3）海绵城市低影响开发技术。采取建筑绿色屋顶（池顶）、铺设透水地面、绿地设置为下凹型、道路边设置植草沟等，来实现入渗、滞留、净化以及回收利用雨水的目的，雨水得到削峰、净化和利用的同时形成花园景观，提升厂区的生态美学价值，践行国家提倡的海绵城市低影响开发理念。

（4）工艺优化控制系统。工艺优化控制系统能够有效保障污水处理厂在进水遭遇异常的水质、水量冲击负荷下出水的稳定达标，并且节省药剂投加量、减少运行能耗、提高污水处理厂整体处理效益。根据本污水处理厂工艺流程、运行工况、设备参数、进水条件等，进行工艺优化控制模型的定制，并开发相应的交互软件控制平台（见图 4-7），通过向软件平台输入水量、水质、工艺运行、设备指标等参数，利用仿真模拟来获取目标污水处理厂的出水水质、能耗，以及各评价指标的模拟结果，重现污水处理厂的真实运行情况，并在此基础上为工艺运行提供经过优化的关键运行参数。

（5）光伏发电系统。为尽可能实现污水处理厂的能源自给，探索污水处理厂实现碳中和的技术路径，本污水处理厂拟建设光伏发电系统，利用清洁能源实现厂内部分能源自给。光伏发电系统在节省水厂运行成本的同时，还可以为水厂的科教宣传提供最为直观的展示效果。

本项目拟新建光伏发电系统 1 套，光伏板主要安装在污水处理厂生物池等大体量的池体

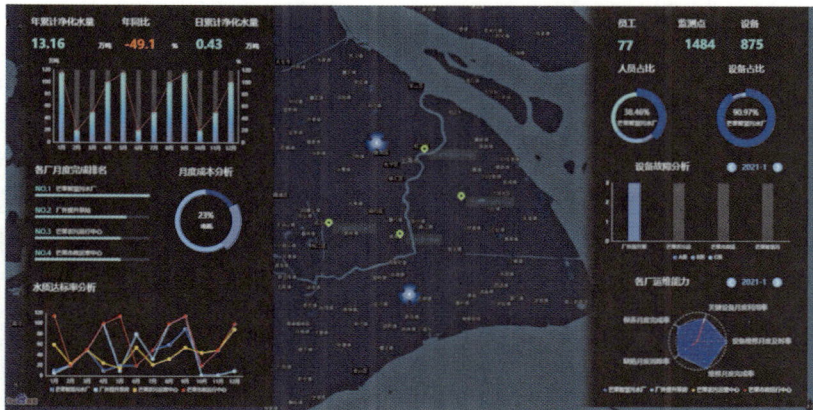

图 4-7　六安市凤凰桥新型城镇水质净化厂工艺优化控制系统平台示意图

上方，采用太阳能发电，大约能满足一期工程运行电耗的 10%。

（6）厂区智慧安防系统。智慧安防的应用是为了厂区安防水平的进一步提高，其设计遵循安全可靠、创新适用、分级管控，能够满足在无人或少人情况下水厂智慧化运行的管理需求。利用人工智能技术、物联网技术将污水处理厂当下安防设施进一步改造，各子系统统一接入智慧生产运营管控平台，结合云计算、大数据分析等技术手段实现安防统一数据管理、统一界面管理、统一流程管理。

（7）景观共享及科普展示。传统污水处理厂对周边的发展普遍存在负面影响，本项目通过环境友好的景观融合打造，转变传统污水处理厂的邻避效应为邻利效应，打造能实现向公众开放和共享的良好景观，实现新型污水处理厂"环境友好"的追求，同时起到宣传三峡治水理念的效果。

目前该项目已完成施工图设计，部分池体正处于施工阶段，计划 2022 年上半年建成投产。

四、九江市两河地下污水处理厂

两河地下污水处理厂是九江市中心城区水环境系统综合治理一期工程——两河（十里河、濂溪河）流域综合治理工程中的子项之一。两河地下污水处理厂是一座集污水处理、顶部生态公园、智慧管控中心于一体的生态综合体，工程总投资约 4.86 亿元，建设效果如图 4-8、图 4-9 所示。

污水处理厂设计规模为 3 万 m^3/d，设计出水水质为准Ⅳ类（COD_{Cr}：30mg/L；BOD_5：5mg/L；SS：10mg/L；氨氮：1.5mg/L；TP：0.3mg/L）。污水处理工艺为"粗格栅及进水泵房 + 细格栅及曝气沉砂池 + AAOAO 生物池 + 二沉池 + 高密度沉淀池 + 深床滤池 + 紫外/消毒接触池"。处理后尾水一方面排放到十里河进行河道生态补水，改善十里河水动力条件，提高河道环境承载力；另一方面出水用于园区植被、绿化和顶部生态湿地的循环用水。主体工艺流程如下：

进水→粗格栅进水泵房→细格栅曝气沉砂池→多级 AO 池→二沉池→高密度沉淀池→

深床滤池→消毒→排放

图4-8 两河地下污水处理厂效果图

图4-9 两河地下污水处理厂实景图

污水处理厂顶部以自然生态湿地为主题，构建了景观与功能兼备的双溪公园，占地约3.26万 m^2，一方面进一步净化污水处理厂尾水，另一方面为周边居民提供了休闲游憩活动中心。

污水处理厂综合楼内建设科普展馆和智慧管控中心，布展面积约 2000m²。全馆以"人水共生、生态九江"为主题，紧紧围绕城市与水的故事展开叙事。一层，通过"水育九江、人水和谐、治水纪事"三大篇章，全面梳理九江水资源、水文化、水生活及治水理水的历史与故事；负一层，通过"治水新章、治水实践、共享未来"三大篇章，整体呈现习近平总书记"共抓大保护，不搞大开发"发展理念指导下九江城市水环境治理的历程与成效。

两河地下污水处理厂集中应用了如下新技术和新理念：

（1）污水处理工艺采用多级 AO 生物池，搭配多点进水、多点回流，根据进水水质可以有效调配碳源、微生物、供氧的时空分布，有效强化脱氮除磷效果，提高出水水质的同时，可有效降低运行成本。采用先进的带有横向流动特征的矩形周进周出二沉池，水力负荷可达传统矩形沉淀池的 1.5～2 倍，有效减小二沉池占地面积，出水水质更好。

（2）采用"土地节约型、资源利用型、环境友好型"全地下污水处理技术，结合污水处理厂上部双溪公园、综合楼内科普展馆和智慧管控中心的打造，形成"一园一馆一中心"的生态综合体，最终形成集污水处理、环境教育（见图 4-10）和智慧管控等于一体的格局。

图 4-10　双溪公园科普体验馆

五、九江市芳兰污水处理厂一期项目尾水净化工程

芳兰污水处理厂一期项目尾水净化工程是九江市中心城区水环境系统综合治理一期工程——芳兰区域污水处理综合治理一期工程子项之一。该工程设计规模为 3 万 m³/d，总投资约 1.39 亿元，采用生态砾石床处理系统，对芳兰污水处理厂出水进一步净化至准Ⅳ类（COD_{Cr}：30mg/L；氨氮：1.5mg/L；TP：0.3mg/L）后进行排放。目前该项目已通水运行，出水稳定达到设计标准。主体工艺流程如下：

污水处理厂尾水 → 配水井 → 生态砾石床 → 出水

芳兰尾水净化工程应用了如下新技术和新理念：

（1）生态砾石床净化工艺是近年来逐步发展起来的一种新型生态现地处理技术。该工艺污水净化能力强，工艺稳定，操作简便，且不会滋生蚊虫、臭味。砾石床顶部也可进行绿化，对景观具有美化作用。

生态砾石床净化工艺的实质是对天然河床中生长在砾石表面生物膜的一种人为模仿和工程强化技术，其构造核心为生态砾石床净化槽，净化机理由物理、化学和生化等多重作用组成。生态砾石床净化槽内填充有形状圆滑且粒径均匀的砾石，由于砾石间存在许多大小不同的孔隙（孔隙率40%左右），形成连续的水流通道，当污水流经这些孔隙时，水流受砾石阻挡而致流速减缓，水中的悬浮物质与砾石接触并在很短的孔隙距离内沉降；同时，砾石粗糙的表面亦作为生物膜附着生长的载体，表面黏性的生物膜一方面负责吸附悬浮物质，另一方面水中溶解性的有机物在流经这些生物膜时，被其中包含的大量微生物摄取和利用，从而使水质获得净化。而经由沉降、吸附及生物氧化实现固液分离的污泥，则被阻留于砾石中进行生物分解，最终达到水质净化的目的。

（2）生态砾石床净化工艺在我国的工程应用实例不多，该工程中生态砾石床净化工艺的运用，对此工艺的效果验证以及推广应用，具有一定的示范和借鉴意义。

六、芜湖市污水处理厂分布式光伏项目

该项目利用芜湖市朱家桥、城南、滨江、大龙湾、城东、高安、天门山7座污水处理厂（设计总处理能力81.5万 m³/d）的水池及建筑物屋顶建设分布式光伏。项目规划装机容量22.87MW，建成后年均发电量约为2240万 kW·h，计划按照商用电价的9折全部供给污水处理厂使用。芜湖朱家桥污水处理厂分布式光伏项目实景如图4-11所示。

图4-11 芜湖朱家桥污水处理厂分布式光伏项目实景图

该项目静态总投资1.05亿元，在克服疫情、汛情等诸多不利影响的情况下，于2020年9月30日全容量并网。该项目目前稳定运行，综合效益明显。

该项目具有以下几点社会经济效益：

（1）降低项目运营成本：芜湖光伏项目多年年均可提供2240万 kW·h的清洁电能，社会综合经济收益相当于降低污水处理单价0.022元/t，约占污水处理电费的10%。

（2）抑制污水处理厂藻类生长：通过光伏板遮盖避免阳光直射水体，有效抑制水中藻类生长。

（3）节能减排：相当于节约标准煤约0.65万t，减少CO_2排放约1.59万t，节水约8.53万t，减排SO_2约165.50t，减排氮氧化物约142.2t，减排烟尘约69t。

七、武汉市东西湖区机场河流域临时分散式水处理服务项目

该项目为应急项目，是为了解决武汉汉西污水处理厂扩建之前多余污水的处理问题。总设计污水处理量13万t/d，分为两个污水处理厂，分别位于武汉市东西湖区李家墩闸河东侧（处理能力10万t/d）和将军路中心沟北侧（3万t/d）。项目李家墩闸河东侧总平面布置如图4-12所示。

图4-12 东西湖区机场河流域临时分散式水处理服务项目李家墩闸河东侧总平面布置图
1—粗格栅及提升泵站；2—细格栅及旋流沉砂池；3—配水井；4—生化池；5—磁混凝沉淀池；
6—紫外消毒池及巴氏计量槽；7—深度处理区污泥中转池；8—生活区、污泥区废液池；9—污泥浓缩池；
10—污泥脱水间；11—风机房、加药间、变电间；12—水质监测间；13—综合楼；14—生物除臭装置

设计出水标准为一级A排放标准，主体工艺采用A/RPIR工艺。水处理工艺流程如下：

进水→粗格栅进水泵房→细格栅旋流沉砂池→A/RPIR池→磁混凝沉淀池→消毒→排放

该项目于2020年5月初正式开工，7月30日建成通水（见图4-13），10月26日项目正式进入运营期，建设期较同等规模污水处理厂大幅减少，且同等规模污水处理厂占地面积约8万m^2，该项目占地4.2万m^2。因该项目为临时水处理设施，组件可回收重复使用。

该项目总投资32 200万元，水价2.26元/t，服务期36个月。该项目目前运行正常，出水稳定达到设计标准。

该项目应用了反应沉淀一体式矩形环流生物反应器（RPIR）技术：

反应沉淀一体式矩形环流生物反应器（RPIR）（如图4-13所示）将生化反应区和污泥沉淀区整合，实现了反应、沉淀、出水的一体化，其核心设备为环流澄清器（RPIR模块）。RPIR污水处理工艺原理如图4-14所示。

该工艺利用供氧曝气的气升动力使混合液产生环流，污泥高效截留且无动力全回流。该工艺启动迅速，可以保持较高的污泥浓度，具有良好的脱氮除磷效果，能减少占地，节省投资。

4-13　东西湖区机场河流域临时分散式水处理服务项目李家墩闸河东侧实景图

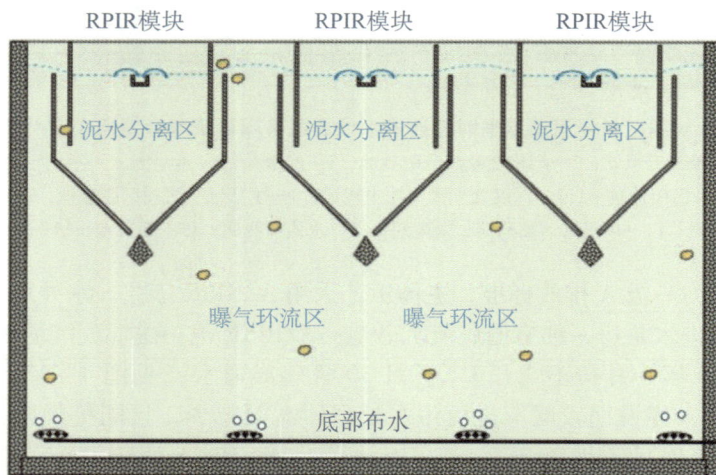

图 4-14　RPIR 污水处理工艺原理图

八、重庆市巴南区花溪河综合整治项目南部新城再生水厂

重庆市巴南区南部新城再生水厂位于巴南区界石镇桂花村，服务范围包括鹿角街道、界石镇大部分。该再生水厂来水主要为区域内的市政污水，其中包含部分工业废水，其占比约10%。区域内的工业企业主要为电子产品企业及造纸企业，所产生的污水主要以配套的生活设施产生的污水为主。

本项目近期设计处理规模 4 万 m^3/d，设计进出水标准见表 4-3，污水处理技术工艺如图 4-15 所示，其中主体工艺采用 A^2O-MBR 处理工艺，膜系统采用浸没式超滤中空纤维膜MBR 污水处理工艺包。

表4-3　进出水水质主要指标一览表

项目	COD$_{Cr}$ /（mg/L）	BOD$_5$ /（mg/L）	SS /（mg/L）	氨氮 /（mg/L）	TN /（mg/L）	TP /（mg/L）	大肠菌 /（个/L）
设计进水水质	300	150	180	30	40	5	—
设计出水水质	≤30	≤6	≤10	≤1.5	≤10	≤0.3	≤1000

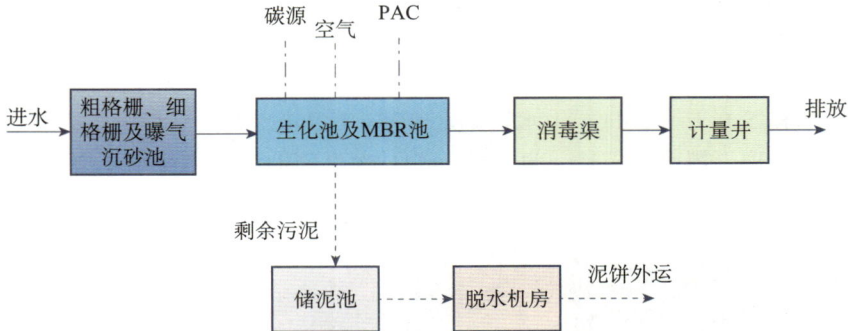

图4-15　污水处理工艺流程

工程用地位于现状界石园区污水处理厂南侧空地，该地地面标高约为262～325m，现状为绿化用地。处理后尾水最终接纳水体为花溪河。

厂区平面布置按照不同的功能分区将整个厂区分为生活及辅助生产区（厂前区）、污水处理区和污泥处理区，如图4-16所示。污水处理区按流程分为预处理区和MBR综合处理区。污水预处理区位于厂区北侧靠河，其南侧是污泥处理区，东侧为污水处理区及厂前区。

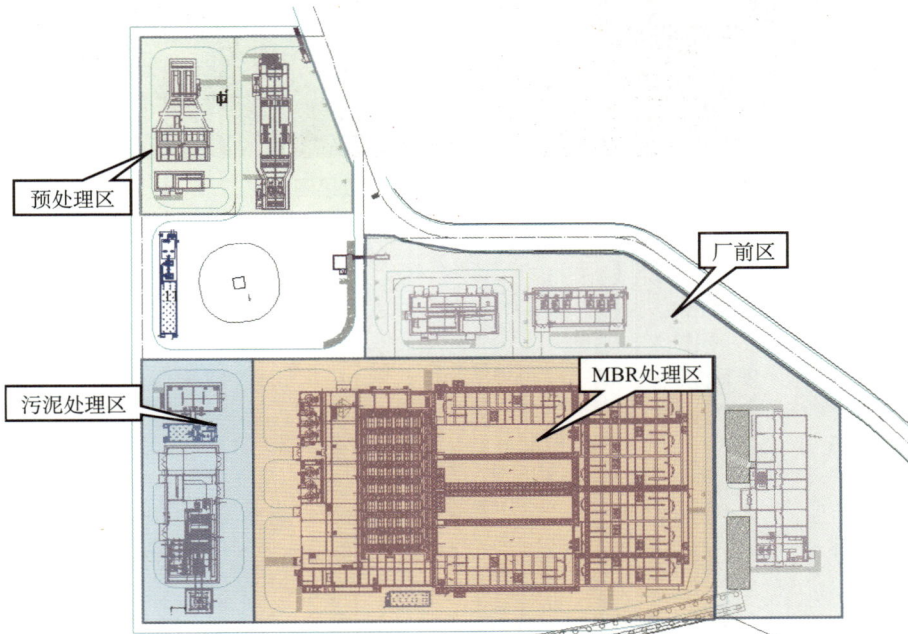

图4-16　厂区平面布置图

九、六安市凤凰桥中水厂

六安市凤凰桥中水厂是六安市城区水环境（厂－网－河）一体化综合治理一期 PPP 项目的子项，总设计规模 6.5 万 m³/d，建设效果图如图 4－17 所示。本项目水源主要来自凤凰桥污水处理厂（该厂尾水执行巢湖地标，略高于一级 A），中水系统采用分质供水模式，其中高品质中水 5.0 万 m³/d、一般品质中水 1.5 万 m³/d，一般品质中水回用于城市杂用和生态补水（直接利用污水处理厂尾水进行回用），高品质再生水回用于华电六安电厂，供水水质按 GB 50050—2017《工业循环冷却水处理设计规范》有关要求执行。

本项目总投资 26 062.26 万元，其中工程费用 20 438.87 万元，建设内容包括高品质中水处理厂一座（规模 5.0 万 m³/d），中水输配水管网 10.2km，工艺流程为：

凤凰桥污水处理厂尾水→超滤→臭氧接触池→次氯酸钠消毒→送水泵房→六安电厂。

图 4－17　凤凰桥中水厂效果图

第五章　农村污水处理

第一节　技术路线

通过长江大保护农污项目的实施及调研总结，农村生活污水处理技术的选择总体上应遵循"因地制宜、纳管优先、集中为主、分散为辅、分类处理、资源利用、经济适用、循序渐进"的原则，各地区可根据村庄人口规模、人口密度（或住房间距）、地形特点、距城镇市政管网的距离、环境状况、经济条件和运行管理等实际情况进行选择。

农村生活污水处理主要分为三种方式：分户污水处理、村庄集中污水处理、纳入城镇污水管网。总体应遵循纳管优先原则，综合考虑村庄类别和出水排放要求，确定农村生活污水处理工艺。

采用分户污水处理，选用预处理＋生物处理或预处理＋生态处理工艺。采用村庄集中污水处理模式，选用预处理＋生物处理或预处理＋生物处理＋生态处理工艺。生态敏感区内村庄，选用预处理＋生物处理＋生态处理工艺。城镇周边村庄：对于具备接入城镇污水处理厂收集管网条件的村庄，优先考虑将村庄生活污水接入市政管网，能接尽接、应接尽接。

一、分户污水处理

（一）适用条件

适用于村庄分布比较分散、人口密度较低、地形较为复杂的地区。该模式针对小型村庄和居住分散不易集中收集或管网敷设难度较大的村庄或零散的农户。

（二）技术路线

一般采用小型污水处理设备或自然生态处理等形式将单户或几户的污水在房前屋后处理或利用，推荐工艺流程如下：

化粪池 → 净化槽/净化罐（或人工湿地）→ 排放/回用。

（三）主要特点

这种处理模式具有节省管网投资、操作管理简单、运用灵活等特点，适用于污水量不大于 $5m^3/d$，服务家庭数在 10 户以内或根据农户地理地形位置在 10 户以上的一定范围内地区。

二、村庄集中污水处理

（一）适用条件

适用于村庄分布密集、人口密度较大、污水排放量较大的远离城镇的地区。

（二）技术路线

目前集中污水处理工艺较成熟，各种一体化设备、组合处理技术很多，根据进水水质、出水水质、周边环境、经济条件等因素综合考虑确定。对生态环境要求一般地区，推荐采用一体化处理设备形式，工艺可采用生物接触氧化工艺、AO 工艺、生物滤池工艺或 SBR 工艺；根据出水水质要求不同，对生态环境要求较高地区，可采用一体化处理设备 + 生态处理，生态处理工艺可采用人工湿地。水环境敏感区域及占地有限制的地区可采用 MBR 膜工艺。

（1）对出水执行地方二级标准的情况，其治理工艺推荐采用如下工艺流程：

$$预处理 \rightarrow 生物接触氧化（或生物滤池）\rightarrow 排放/回用$$

$$预处理 \rightarrow AO（或序批式活性污泥法）\rightarrow 排放/回用$$

（2）对出水执行地方一级标准的情况，其治理工艺推荐采用如下工艺流程：

$$预处理 \rightarrow 生物接触氧化 \rightarrow 人工湿地 \rightarrow 排放/回用$$

$$预处理 \rightarrow AO（或序批式活性污泥法）\rightarrow 人工湿地 \rightarrow 排放/回用$$

（3）对出水执行国家一级 A 标准且占地有限制的情况，其治理工艺推荐采用如下工艺流程：

$$预处理 \rightarrow 强化 A^2O \rightarrow 深度处理 \rightarrow 排放/回用$$

$$预处理 \rightarrow A^2O + MBR 反应器 \rightarrow 排放/回用$$

（三）主要特点

该处理模式具有运行稳定、处理效率高、占地面积小等优点。针对居住区相对集中的农村地区或相邻村庄联合建设污水处理设施及配套管网工程，实现区域统筹、共建共享。污水收集系统应因地制宜，灵活布置，根据本地区自然地理情况，尽可能减少管网长度，以节省管网建设资金和减少管网维护工作量。

三、纳入城镇污水管网

（一）适用条件

适用于城镇郊区的距离污水处理厂或市政管网比较近的村庄。

（二）技术路线

将居民生活污水接入市政收集管网，由城镇污水处理厂统一处理。污水处理工艺具体参考污水处理及资源化章节。

（三）主要特点

这种模式具有管理方便、投资省、见效快等优点。一般符合以下三种条件的自然村庄，生活污水可以直接纳入城镇污水管网统一集中处理：①村内有市政污水管道直接穿过；②在 1.5km 距离内区域生活污水可以依靠重力流直接流入市政污水管道；③距污水处理厂 2km 范围内的村庄。

第二节　核心技术

农村生活污水处理工艺技术种类繁多，主要包括活性污泥法（A^2O 工艺、AO 工艺、SBR 工艺、氧化沟工艺、MBR 工艺等）、生物膜法（厌氧滤池、生物接触氧化、曝气生物滤池、反硝化滤池、生物转盘、MBBR 等）、生态处理法（人工湿地、微生态滤床、人工快渗、土地处理法等）及其他方法等。综合分析农村污水各工艺的特点、建设成本和运行维护费用，并结合长江环保集团长江大保护农污项目的实践，掌握部分关键技术。

一、智能 SBR 污水处理一体化设备

（一）技术简介及原理

智能 SBR 污水处理一体化设备采用 SBR 或 SBBR 工艺，通过智能化的控制，在同一个反应池空间形成不同时段的功能和角色变化，实现缺氧、厌氧、好氧、沉淀等功能在一个反应池空间内实现，达到去除水中污染物的目的。缺氧阶段硝酸盐反硝化脱氮，厌氧阶段聚磷菌充分释磷，好氧阶段完成有机物降解、硝化和过量吸磷，沉淀阶段通过无扰动、更高效的静沉方式实现固液分离，上清液排放出水，剩余污泥排至污泥池浓缩。每天的反应批次和每个批次各阶段的运行时间可根据实际进水情况和处理目标进行动态调整。

（二）技术优势

适用于村庄集中污水处理模式，适应进水量波动大情况，出水标准可达地方农污一级标准，最佳处理规模 5~500t/d。

通过以时间换空间的方式和智能化的控制手段，针对农村污水水量和负荷波动大的特征，可动态调整处理设备每天的运行批次及每个批次的反应时间，可实现基于进水水量、水质及处理目标的适度处理，避免了传统 AO 等连续流工艺在进水波动大特别是在小流量时的无差别曝气和反应停留时间过长所容易导致的生化系统过度曝气、污泥老化解絮和生化系统崩溃等痛点，同时还可较大幅度地节约在低进水负荷时能耗的无谓浪费。设备无须污泥回流，设备数量少，设备维护量和运行成本低。该工艺设备具有运行方式灵活、运行能耗低、设备操作简单、出水效果稳定和设备故障率低等特点。

（三）工艺流程

工艺流程如图 5-1 所示。

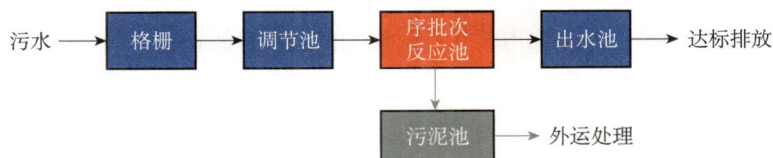

图 5-1　污水处理一体化设备工艺流程

二、低能耗多级 AO 与 MBR 耦合工艺

（一）技术简介及原理

将多级 AO 工艺与 MBR 工艺相耦合，集两种工艺优势于一体，既可充分发挥多级 AO 工艺良好的脱氮效果和较高的碳源利用率，又能通过 MBR 工艺实现生化系统较高的污泥浓度，提高污泥龄，减少一体化设备壳体尺寸和站点占地面积。

污水通过污水管网输送进入污水处理站，首先通过格栅拦截进水中的垃圾和栅渣，污水再进入调节池，设在调节池末端的提升泵将污水提升至一体化设备，污水首先进入厌氧池，再进入好氧池，再依次进入缺氧池、好氧池（可根据处理目标确定缺、好氧池的级数），最后进入膜池，通过产水泵（或重力虹吸排水）将水经过膜过滤后达标排放。膜池污泥回流至预缺氧池，预缺氧池主要是为了降低水中溶解氧，减少膜池回流水中带的溶解氧对后续厌氧池厌氧环境的破坏。厌氧池主要是发挥生物除磷功能，进行厌氧释磷；好氧池发挥硝化功能，将氨氮硝化为亚硝酸盐和硝酸盐；缺氧池发挥反硝化功能，将硝酸盐和亚硝酸盐反硝化为氮气，同时还具有反硝化除磷功能；膜池发挥膜分离功能和部分硝化功能。

膜池至预缺氧池的污泥回流比为 100% ~ 300%（可调），膜池污泥浓度通常为 8000 ~ 12 000mg/L，生化池的污泥浓度为 4000 ~ 8000mg/L。

（二）技术优势

将多级 AO 工艺与 MBR 工艺有机结合，并在关键核心设备的选型上，采用国际最先进的配套节能脉冲曝气系统的新型高通量超滤膜，该耦合工艺的特征在于：

（1）在出水效果方面，发挥了多级 AO 工艺生物脱氮除磷效果好的优势，同时发挥了 MBR 超滤膜工艺氨氮去除率高和 SS 完全去除的优势。

（2）在运行能耗方面，整个系统只有一级回流（膜池回流至预缺氧池），回流级数少于传统 AO、A^2O 工艺的二级回流（二沉池回流至厌氧池，好氧池回流至缺氧池），也少于常规 A^2O – MBR 工艺的三级回流（膜池回流至好氧池，好氧池回流至缺氧池，缺氧池回流至厌氧池），减少了回流设备的投资和运行能耗；此外，在膜吹扫能耗上，采用高通量超滤膜减少了膜的用量，同时采用节能脉冲曝气系统代替常规的穿孔管曝气，膜吹扫气水比从约 10∶1 降至约 3∶1，节约了近 70% 的能耗；由于采用的超滤膜孔径只有 0.03μm，可拦截细菌，膜过滤后细菌指标直接可达标，后续无须再接消毒设施或消毒设施平时可不运行。

（3）在碳源利用方面，多级 AO 和 MBR 工艺均能实现内源反硝化，最大程度地利用进水碳源和细胞内源呼吸产物，减少了外加碳源投加量。

（4）在产泥量方面，污泥年龄长，系统内进行内源反硝化，剩余污泥产泥量低。

（5）在膜使用寿命方面，采用高性能长寿命膜，使用寿命从 3 ~ 5 年增加至 10 年，减少了运营期的膜更换成本。

（6）在占地面积方面，通过 MBR 工艺高 SS 和细菌的截留率，实现生化系统相比传统 AO、A^2O 和多级 AO 工艺更高的污泥浓度和微生物种群密度，实现更小的生化池池容，此外也无须二沉池，占地面积可节约 40% ~ 50%，同时节省了约 40% ~ 50% 的土建投资（对一体化设备来说是箱体投资）。

（三）工艺流程

工艺流程如图 5 – 2 所示。

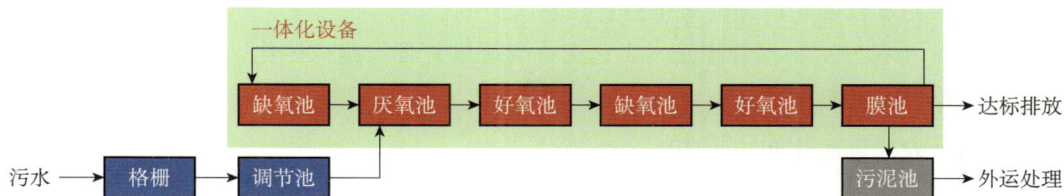

图 5-2　多级 AO 与 MBR 耦合工艺流程

第三节　技术支撑体系建设

一、标准化文件

（1）Q/CTG 400《长江流域农村生活污水生态处理技术指南》。

（2）Q/YEEC 020《长江大保护农村生活污水治理工程技术与投资指南》。

（3）Q/YEEC 022《农村生活污水处理项目集中管控智能化平台技术要求》。

（4）《农村污水项目投资技术控制要点》。

（5）《农村污水治理标准规范及技术政策汇编》。

（6）《长江大保护农村生活污水处理工程初步设计技术控制要点》。

二、专利

主要农村污水处理技术专利见表 5-1。

表 5-1　农村污水处理技术专利

序号	专利名称	授权号/登记号	专利类型	备注
1	一种农村生活污水处理用具有过滤结构的污水净化装置	CN214087994U	实用新型	已授权
2	一种一体化小型污水处理装置	CN215855645U	实用新型	已授权
3	耦合生物处理和生态处理的污水净化一体化装置	CN215855653U	实用新型	已授权

三、科研项目

（一）公司科研项目

（1）山地农村分散式污水处理技术路径的研究。

（2）农村污水资源化设施的决策信息化系统研究。

（3）农村污水资源化设施运行、管理工具研究。

（二）外部科研项目

（1）农村污水资源化设施运行、管理工具研究。

（2）农村污水资源化设施的决策信息化系统研究。

（3）城乡（农村）污水处理技术工艺选择与终端处理设施一体化、集成化研究。

（三）员工科研项目

（1）山地农村资源化利用厕所装备的研究。

（2）小型分散式生活污水一体化处理装置研究。

第四节　典型案例

长江环保集团在武汉、南京落地实施一批农村污水治理试点项目。以乡村振兴、建设美丽乡村为目标，按照"政府主导、企业运营、因村制宜、逐步推进"的总体思路，实施村庄生活污水试点建设，积极探索一条切合农污特点、可复制、可持续的村庄生活污水治理模式及路径。

一、南京市六合区农村污水处理设施全覆盖 PPP 项目

（一）项目基本情况

南京市六合区农村污水处理设施全覆盖 PPP 项目，服务范围为区辖 9 个街道（镇）所管辖的 1507 个村庄的污水处理设施建设（覆盖 6.9 万户、26.4 万人），新建污水管网总长约 2730.8km，包括污水出户管及污水主管，污水检查井 71 116 个，集中式污水处理设施 1571 座（总处理规模 12 800m³/d），分散式污水处理设施 868 座（总处理规模 1389m³/d），项目建成后可以解决辖区内村庄生活污水随意排放现状，消除现状沟渠、池塘的黑臭。

（二）设计进出水水质

本工程采用优先纳管模式，同时结合实际现场情况采用集中处理及分户处理的模式，设计进出水水质指标见表 5－2，其中出水指标为不低于 DB 32/3462—2020《农村生活污水处理设施水污染物排放标准》中的一级 B 标准。

表 5－2　设计进出水水质指标　　　　单位：mg/L（pH 无量纲）

项目	COD_{Cr}	氨氮	TN	TP	动植物油	pH	SS
进水水质	≤400	≤50	≤60	≤7	—	6～9	≤200
一级 B 标准	≤60	≤8（15）	≤30	≤3	≤3	6～9	≤20

（三）主要工艺

1）改良型净化槽污水处理工艺

针对部分户数较少的村庄（经水量计算，污水量≤2t/d，有的村庄污水量≤1t/d），综合考虑造价、用地、后期运维等因素，可单独设置 1t/d、2t/d 净化槽分散式处理。

净化槽处理设备如图 5－3 所示，工艺原理为：下壳体内分隔成多个功能区，采用"底曝＋密曝＋沉淀"，多段曝气，达到脱氮除磷的效果；采用气提回流装置，可选择将硝化液回流至缺氧区或厌氧区，具有脱氮或除磷选择的功能，污水处理效果更佳；缺氧区

投加有多面球形填料，表面积比常规球形填料增加 5～6 倍，全部由 PP 制作，寿命大于 40 年；厌氧区采用了束状弹性填料装置，内部放置束状填料，由特殊性填料支架均匀固定，一体化注塑成型，填料支架保持 40 年以上使用寿命；污水的液面高度低于下壳体的高度，可有效防止漏水。好氧区投加的中空球形填料尺寸 ≥ϕ80mm，外壳材质为 PP，内置特殊性海绵体材料，从而达到聚泥、驯化污泥和脱氮除磷的效果。

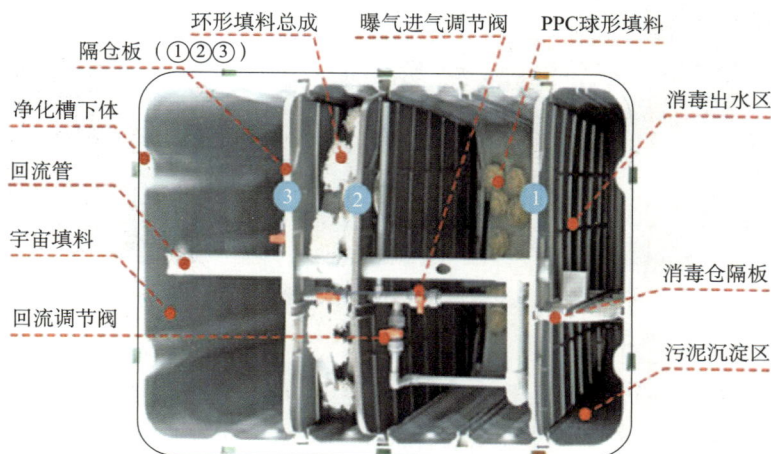

图 5-3　改良型净化槽处理设备图

2）多级 AO 污水处理工艺

对于户数较多的村庄可采用设置 5～10t/d 规模的一体化处理设备进行集中式处理。一体化污水处理设备采用多级 AO 污水处理工艺。

多级 AO 工艺卧罐集成全程流量调整区、缺氧区、好氧区、软性固定填料过滤区、消毒区等，其工艺流程如图 5-4 所示；缺氧区采用多级折流沉淀的结构，使进水不溶物沉淀彻底；好氧区填料表面环境生长大量的好氧细菌。

多级 AO 污水处理工艺站点实景如图 5-5 所示。

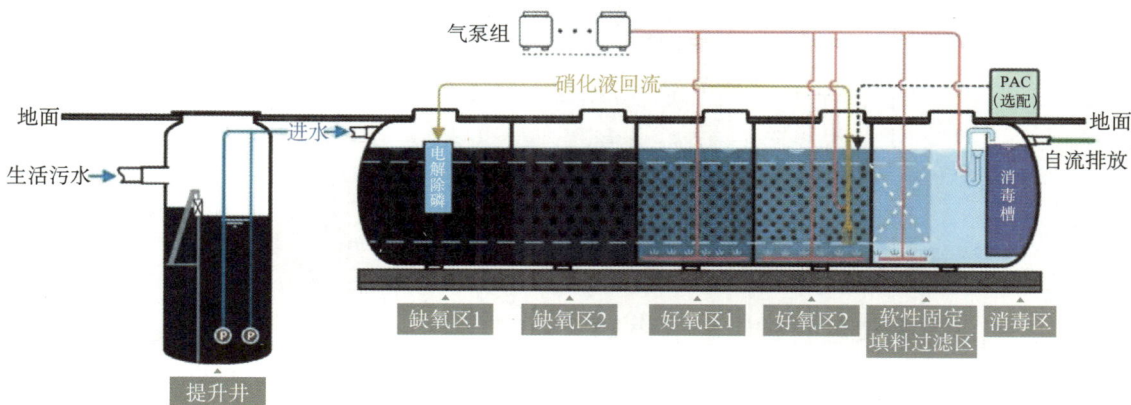

图 5-4　多级 AO 工艺流程

图 5 - 5　多级 AO 污水处理工艺站点实景图

3）智能 SBR 污水处理工艺

对于户数较多的村庄可采用设置 10～20t/d 规模的一体化处理设备进行集中式处理。一体化污水处理设备采用 SBR 污水处理工艺，智能 SBR 污水处理一体化设备效果如图 5 - 6 所示，工艺站点实景如图 5 - 7 所示。

图 5 - 6　智能 SBR 污水处理一体化设备效果图

二、武汉市黄陂区农村污水治理 PPP 项目

（一）项目基本情况

武汉市黄陂区农村污水治理 PPP 项目新建集中式污水处理设施 650 座（总处理规模 13 380m³/d），分散式污水处理设施 6684 座（总处理规模 13 566m³/d）及其配套污水收集管

图 5 - 7　智能 SBR 污水处理工艺站点实景图

网 2239.3km，项目的实施能有效改善当地投资环境及支柱产业旅游业的环境。

（二）设计进出水水质

根据《武汉市农村村庄生活污水治理技术与建设指南（试行）》，本次设计集中式污水处理设施中，处于"三沿"地带的村庄出水执行一级 A 标准，设计进水主要水质指标见表 5 - 3，设计出水主要水质指标见表 5 - 4；处于其他区域的大型村庄出水执行一级 B 标准，主要水质指标见表 5 - 5；其余小型村庄执行农田灌溉标准中旱作标准，主要水质指标见表 5 - 6。

表 5 - 3　设计进水水质指标　　　　　　　　单位：mg/L

项目	COD_{Cr}	BOD_5	SS	氨氮	总氮	TP
设计水质	≤220	≤110	≤150	≤30	≤45	≤4.5

表 5 - 4　一级 A 标准设计出水水质指标　　　　单位：mg/L

项目	COD_{Cr}	SS	氨氮	总氮	TP
排放标准	≤50	≤10	≤5（8）	≤15	≤0.5
总去除率	77.3%	93.3%	83.3%	66.7%	88.9%

注：括号外数值为水温 >12℃时的控制指标，括号内数值为水温≤12℃时的控制指标。

表 5 - 5　一级 B 标准设计出水水质指标　　　　单位：mg/L

项目	COD_{Cr}	SS	氨氮
排放标准	≤60	≤20	≤8（15）
总去除率	72.7%	86.7%	73.3%

注：括号外数值为水温 >12℃时的控制指标，括号内数值为水温≤12℃时的控制指标，对 TN、TP 指标暂不作要求。

表 5-6　农田灌溉标准（旱作）设计出水水质指标　　　　　　　单位：mg/L

项目	COD$_{Cr}$	BOD$_5$	SS
排放标准	≤200	≤100	≤100
总去除率	9.1%	9.1%	33.3%

（三）主要工艺

本项目污水处理模式包括分散式污水处理设施和集中式污水处理设施。

分散式污水处理设施可根据现场农户的实际情况，利用边角区域进行地埋设置三格式化粪池，出水就近接入人工渠道或水塘，用于农业灌溉。

集中式样污水处理设施应进行设施选址，并建设小型污水站。主要采用同时具备生物脱氮除磷功能的 A^{2}O（厌氧 – 缺氧 – 好氧）工艺或 AMAO（多段多级 AO）工艺或复合生物滤池工艺，单元池体配置上，推荐设置填料，形成接触氧化形式。

由于本项目涉及黄陂区 16 个街乡场，地形复杂，污水处理站设备安装根据实际情况调整，可以采用地埋式或者安装于地面，污水处理设备外壳推荐采用钢筋混凝土、碳钢或玻璃钢结构，运输、安装方便快捷。设备外形根据不同工艺采用不同形式，因地制宜。

1）A^{2}O（厌氧 – 缺氧 – 好氧）工艺

A^{2}O（厌氧 – 缺氧 – 好氧）工艺是一种常用的二级污水处理工艺，具有同步脱氮除磷的作用，可用于二级污水处理或三级污水处理。

当侧重于生物脱氮时，可省略厌氧段，形成 A$_N$O 工艺，侧重于生物除磷时，可省略缺氧段，形成 A$_P$O 工艺。

工艺流程：A^{2}O 工艺是传统活性污泥工艺、生物硝化及反硝化工艺和生物除磷工艺的综合，工艺流程如图 5-8 所示。

地上式钢制 A^{2}O 一体化设备站点实景如图 5-9 所示。

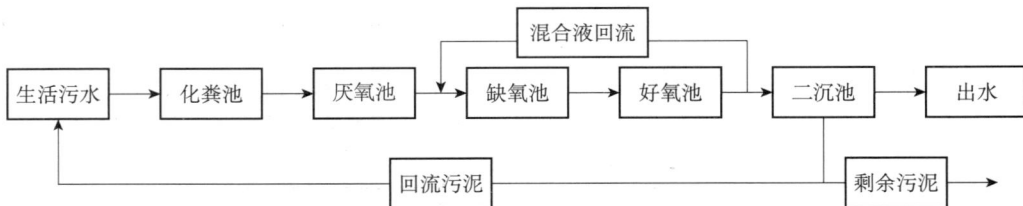

图 5-8　A^{2}O 工艺流程

2）AMAO（多级 AO）工艺

AMAO（多级 AO）工艺是 A^{2}O 的一种改良变形工艺，其主要特点为：将生化池分割为多级（一般 2~4 级）A 段和 O 段交替运行，可省略 A^{2}O 工艺中的硝化液回流，从而使运行更为简便，同时更节省能耗。

多级 AO 工艺具有同步脱氮除磷的作用，可用于二级污水处理或三级污水处理。

工艺流程：多级 AO 工艺是传统活性污泥工艺、生物硝化及反硝化工艺和生物除磷工艺的综合，工艺流程如图 5-10 所示。

装配式 AMAO 生物组合池效果图如图 5-11 所示。

图5-9 地上式钢制 A²O 一体化设备站点实景图

生活污水 → 化粪池 → 多级AO池 → 二沉池 → 达标排放

图5-10 多级 AO 工艺流程

图5-11 装配式 AMAO 生物组合池效果图

　　3）复合厌氧池－组合式复合生物滤池－高负荷人工湿地联合工艺

　　工艺原理：生活污水经格栅进入复合厌氧池，对有机物进行厌氧处理后，由泵自动提升至组合式复合生物滤池，与其中的生物膜进行充分接触，污染物被微生物吸附并降解；滤池出水经沉淀后部分回流至复合厌氧池，进行反硝化脱氮，其余进入人工湿地系统，在填料、土壤、植物共同作用下进一步去除有机物、氮和磷，出水可达标排放。组合式复合生物滤池工艺流程如图5-12所示，站点建设效果如图5-13所示。

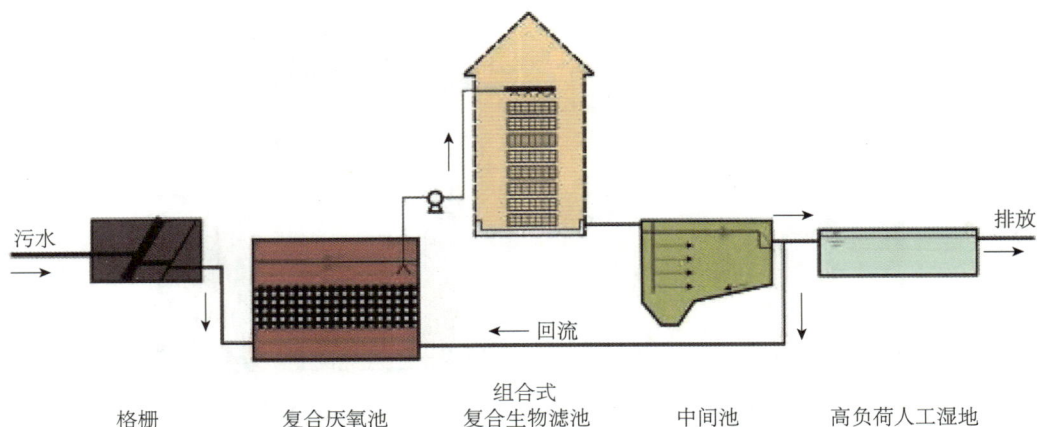

图 5 - 12　组合式复合生物滤池工艺流程

（a）地面建站模式　　　　　　　　　（b）地埋建站模式

（c）地面设备模式　　　　　　　　　（d）地埋设备模式

图 5 - 13　组合式复合生物滤池站点实景图

三、芜湖市无为县农村生活污水治理扶贫试点项目

（一）项目基本情况

无为县（现无为市）农村生活污水治理试点项目是三峡集团结合与芜湖市合作实际，立足于长江大保护工作专门设立的农村扶贫捐赠项目，是开展农村污水治理试点研究、改善农村水环境、助力乡村振兴的具体实施内容。本项目总投入资金约 3000 万元，具体内容是在无为县 7 个乡村新建生活污水收集、处理设施并运营，出水达到一级 A 标准，各污水处理试点项目情况见表 5 - 7。项目建成后对当地农村污水有效收集与净化，改善农村水环境，提高农村居民生活质量，对促进美好乡村建设具有重要意义。

项目大部分污水处理站点运行效果较好，外排水达到一级 A 排放标准。

表5-7　无为县农村污水治理扶贫试点项目基本情况

序号	站点名称	处理工艺	处理规模 / (t/d)	供应商
1	潘岗村	A^2O + 生物接触氧化	20	国祯环保
2	艾大 3 号	三级 AO + 生物接触氧化	20	云南合续
3	菜场村	A^3O + 生物接触氧化 + 微生态滤床	20	安徽中源锦天
4	沙包地村	智能 SBR	30	世浦泰
5	月桥村	A^2O + 生物接触氧化 + MBR + 浅层人工湿地	20	银江环保
6	刘洼村 1 号	AO + 生物接触氧化 + MBR	10	重庆海博
7	刘洼村 3 号	MABR	30	富朗世
8	黄柏山村	兼氧 FMBR	40	江西金达莱

（二）设计进出水水质

本工程设计进出水水质指标见表 5-8，其中出水达到 GB 18918—2002《城镇污水处理厂污染物排放标准》中的一级 A 排放标准。

表5-8　设计进出水水质指标　　　　　　　单位：mg/L（pH 无量纲）

项目	COD_{Cr}	BOD_5	氨氮	TN	TP	SS	pH
进水水质	≤400	≤200	≤35	≤40	≤4.0	≤150	6~9
出水水质	≤50	≤10	≤5（8）	≤15	≤0.5	≤10	6~9

注：括号外数值为水温 >12℃时的控制指标，括号内数值为水温 ≤12℃时的控制指标。

（三）主要工艺

1）MABR 工艺

原水经粗格栅过滤后，进入调节池，之后经污水泵提升，经过 1mm 孔径细格栅过滤，进一步去除污水中的悬浮物，之后自流进入预处理池，回流污泥也回流至预处理池，泥水混合物均匀分配后，进入 MABR 反应装置，绝大部分有机污染物、TN、TP 在此被去除。经过 MABR 工艺处理后的泥水混合物进入二沉池，进行泥水分离。二沉池底部污泥大部分回流至预处理池，少量污泥作为剩余污泥暂存于污泥储存池，定期外运处置或污泥脱水后处置。二沉池出水进入二级水池，然后泵送至砂滤单元，其出水进入三级水池进行消毒，外排水达到一级 A 排放标准。出水达标后排入附近沟塘。

MABR 污水处理工艺流程如图 5-14 所示，主要特点如下：

（1）采用 MABR 内传氧柔性膜，膜使用寿命 15 年以上。

（2）曝气量少，压头底，能耗底。

（3）采用专有膜，脱氮除磷在同一个池内进行，节省了设备空间。

（4）工艺流程完善，正常运行其出水可以稳定达到一级 A 排放标准。

（5）可远程监控、APP 控制，可实现无人值守。

（6）规模 30t/d 时，设备采购吨水价格 20 000 元，吨水电耗 1.27kW·h。

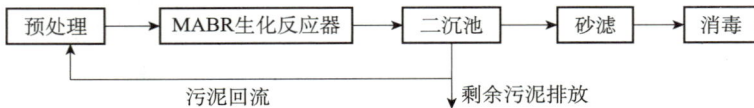

图 5－14　MABR 工艺流程

2）三级 AO + 生物接触氧化

一体化处理设备放置于室外地面，主体设备分预脱硝区、厌氧区、缺氧区、好氧区、沉淀池和设备间。预脱硝区接收来自调节池的入流污水和生物沉淀池的回流污泥，在缺氧条件下预脱硝区充分去除入流污水和回流污泥中的硝酸盐和氧，降低了对厌氧池聚磷菌释放磷效果的影响，同时反硝化可以提供部分碱度，为后续的好氧区硝化提供了有利条件。厌氧区的主要功能是与好氧池配合除磷，缺氧池的主要功能是反硝化脱氮，池内设穿孔管间歇曝气保证缺氧环境。好氧池的主要功能是氧化有机质和硝化氨氮。

主要工艺特点：

（1）采用多级 AO 接触氧化处理工艺（见图 5－15），能适应碳源偏低的污水。

（2）A 池配有移动式缺氧填料，O 池配有移动式好氧填料。

（3）曝气风机采用较低能耗的空气气泵，污泥回流采用气提回流装置，降低能耗。

（4）溶解药箱采用空气搅拌，进一步降低了污水处理能耗。

（5）一体化设备内设施布置紧凑，外观简洁大方。

（6）可进行远程监控、PC 端/APP 控制，实现无人值守。

（7）规模 20t/d 时，设备采购吨水价格 16 500 元，吨水电耗 0.78kW·h。

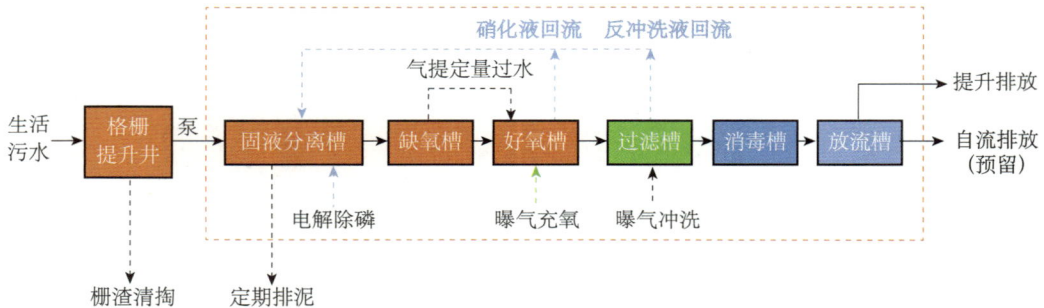

图 5－15　多级 AO 工艺流程

3）AO + 生物接触氧化 + MBR

AO 是 Anoxic Oxic 的缩写，AO 工艺法也叫厌氧好氧工艺法，A（Anaerobic）是厌氧段，用于脱氮除磷；O（Oxic）是好氧段，用于去除水中的有机物。它的优越性是除了使有机污染物得到降解之外，还具有一定的脱氮除磷功能，是将厌氧水解技术用于活性污泥的前处理，所以 AO 法是改进的活性污泥法。

AO 工艺将前段缺氧段和后段好氧段串联在一起，A 段 DO 不大于 0.2mg/L，O 段 DO = 2～4mg/L。在缺氧段异养菌将污水中的淀粉、纤维、碳水化合物等悬浮污染物和可溶性有机物水解为有机酸，使大分子有机物分解为小分子有机物，不溶性的有机物转化成可溶性有机物，当这些经缺氧水解的产物进入好氧池进行好氧处理时，可提高污水的可生化性及氧的效率；在缺氧段，异养菌将蛋白质、脂肪等污染物进行氨化（有机链上的 N 或氨基酸中的氨基）游离出氨（NH_3、NH_4^+），在充足供氧条件下，自养菌的硝化作用将氨氮（NH_4^+）氧化为 NO_3^-，通过回流控制返回至 A 池，在缺氧条件下，异氧菌的反硝化作用将 NO_3^- 还原为分子态氮（N_2）完成 C、N、O 在生态中的循环，实现污水无害化处理。

主要工艺特点：

（1）考虑冬季水温低，设备外体设置了橡塑材料整体保温，进水并增设了电伴热装置。

（2）采用 AO + MBR 生化处理工艺（见图 5 - 16），能适应碳源比较充足的污水。

（3）设备选型配置齐全，关键设备均设有备用。

（4）可进行远程监控、PC 端/APP 控制，实现无人值守。

（5）规模 10t/d 时，设备采购吨水价格 24 380 元，吨水电耗 4.2kW·h。

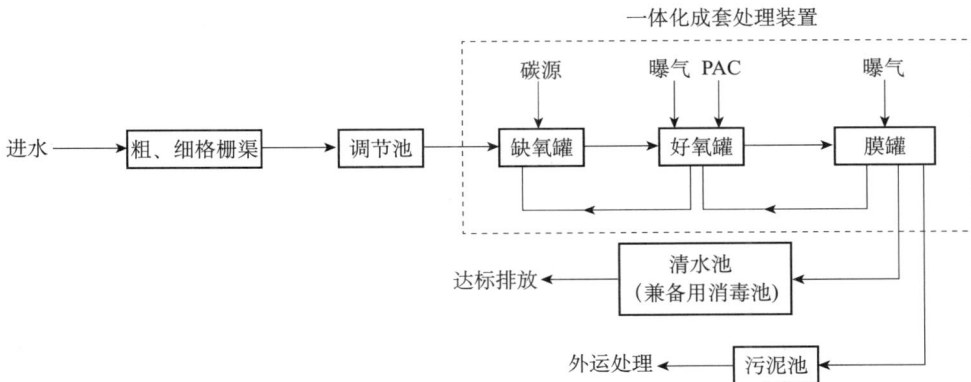

图 5 - 16　AO + MBR 工艺流程

4）兼氧 FMBR 工艺

兼氧 FMBR 工艺是一种将 MBR 膜分离技术与生物处理单元相结合的污水处理工艺。污水通过预处理系统格栅作用截留污水中悬浮物、漂浮物及大颗粒无机泥沙，污水均质均量后进入兼氧 FMBR 膜技术污水处理器。兼氧 FMBR 膜技术污水处理器内培养有大量兼性菌，污水中的有机物降解主要依靠兼性菌新陈代谢作用将大分子有机物逐步降解为小分子有机物，最终氧化分解为二氧化碳和水等稳定的无机物质。同时，通过膜的高效过滤作用可以将水中的悬浮物、细菌、病毒、胶体等有害物质隔离在兼氧 FMBR 系统当中，通过微生物代谢作用进一步予以去除。

主要工艺特点：

（1）采用兼氧 F + MBR 处理工艺，多池合一，如图 5 - 17 所示。

（2）采用沉水式鼓风机，噪声低。

（3）无配套加药系统，工艺设备较少，操作简便。

（4）关键工艺设备均只选配 1 台，不利于污水处理站长期稳定运行。

（5）规模 40t/d 时，设备采购吨水价格 12 000 元，吨水电耗 2.94kW·h。

5）KTIC + 浅层人工湿地（A^2O + 生物接触氧化 + MBR + 浅层人工湿地）

KTIC 的主体工艺为 A^2O 工艺，增加深度处理单元 MBR 膜和浅层人工湿地。其中，好氧

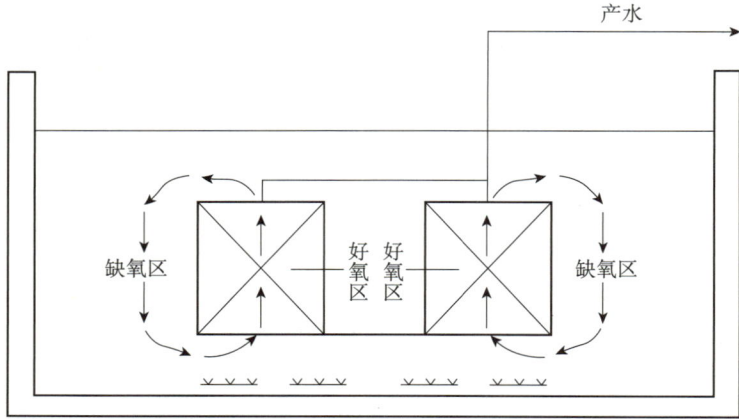

图 5 –17 兼氧 FMBR 工艺流程

池中装有接触氧化膜填料，浅层人工湿地为垂直潜流人工湿地。其工艺流程为：生活污水通过管网经粗、细格栅拦截悬浮物进入调节池，调节池均衡水量、水质后的水依次进入厌氧池、缺氧池、好氧池、沉淀分离池、MBR 膜池，处理后的水经紫外消毒后进入浅层人工湿地，出水外排。

主要工艺特点：

（1）采用 KTIC 生态填料接触氧化生化污水处理工艺，如图 5 –18 所示。

（2）装置高效菌种选用。

（3）污泥回流系统防止污泥流失，保障反应器的处理效率。

（4）规模 20t/d 时，设备采购吨水价格 11 695 元，吨水电耗 1.98kW · h。

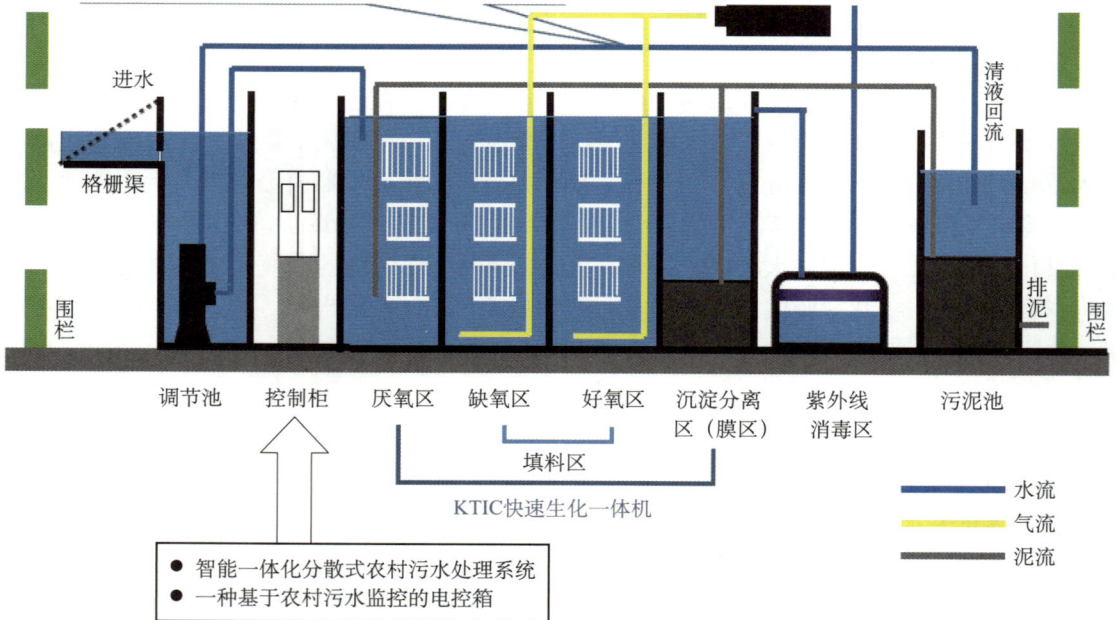

图 5 –18 KTIC 工艺流程

6）A³O+生物接触氧化+微生态滤床

A³O工艺在A²O工艺前段增加预脱硝单元。其工艺流程为：污水经管道收集后，经格栅处理，去除水体中大的漂浮物、垃圾，依靠重力流进入调节池。调节后的水经泵提升至预脱硝单元，增加系统对TN和TP的去除效果，然后顺序进入厌氧池、缺氧池、好氧池，通过生化处理的水经二沉池沉淀后，进入微生态滤床。同时，其好氧池放置生物填料。微生态滤床应用垂直潜流人工湿地技术。二沉池产生的污泥则通过泵提升至污泥池，经过沉降后，采用统一收集运输的方式将分散的污泥进行集中处理处置。

主要工艺特点：

（1）采用A³O接触氧化处理工艺，如图5-19所示，能适应碳源偏低的污水。

（2）曝气风机采用低能耗的小型离心风机。

（3）系统弹性较好，可扩充；设备内悬挂填料，抗水质负荷强。

（4）环境友好型，噪声小，无异味，微生态滤床与环境协调，景观效应。

（5）规模20t/d时，设备采购吨水价格13 465元，吨水电耗0.78kW·h。

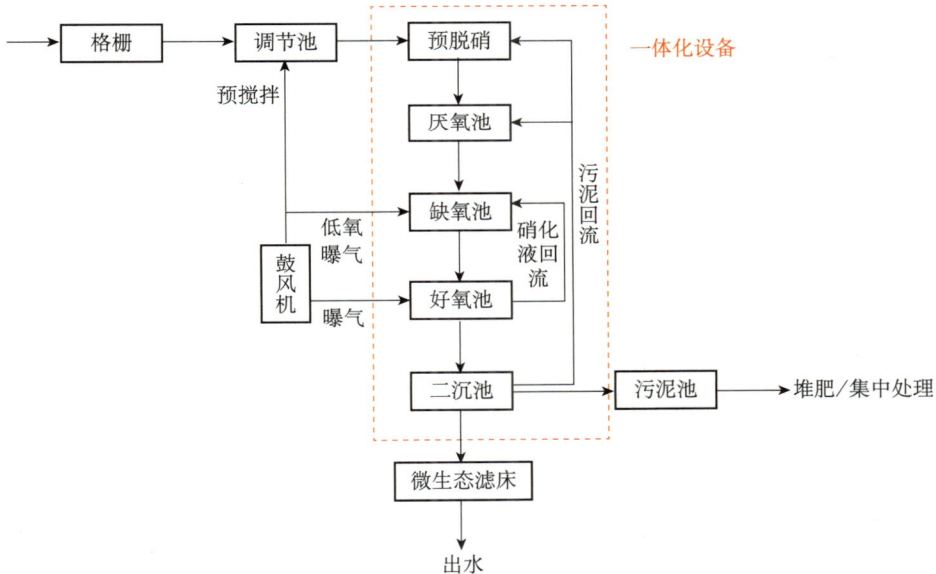

图5-19　A³O+微生态滤床工艺流程

7）智能SBR污水处理工艺

智能SBR污水处理工艺（见图5-20）通过智能化的控制，在同一个反应池空间形成不同时段的功能和角色变化，实现缺氧、厌氧、好氧、沉淀等功能在一个反应池空间内实现，达到去除水中污染物的目的。缺氧阶段硝酸盐反硝化脱氮，厌氧阶段聚磷菌充分释磷，好氧阶段完成有机物降解、硝化和过量吸磷，沉淀阶段通过无扰动、更高效的静沉方式实现固液分离，上清液排放出水，剩余污泥排至污泥池浓缩。每天的反应批次和每个批次各阶段的运行时间可根据实际进水情况和处理目标进行动态调整。

主要工艺特点：

（1）适用于进水波动大场合。

（2）适应低进水浓度情况，抗污泥丝状膨胀性能好。

（3）占地面积小，罐体单元少。

（4）无污泥回流系统，设备少，运行能耗低。

（5）规模 30t/d 时，设备采购吨水价格 8286 元，吨水电耗 0.67kW·h。

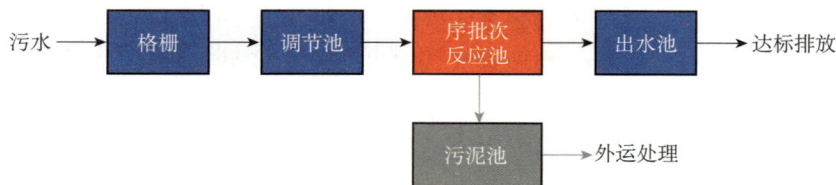

图 5-20　智能 SBR 污水处理工艺流程

（四）治理成效及建议

目前，各站点均已投入运行。根据第三方水质检测单位的检测结果，出水基本可稳定达到城镇污水处理污染物排放一级 A 标准。

同时，针对农污项目提出建议如下：

（1）根据本项目及其他农污项目进水水质分析，进水浓度低是农村污水处理中普遍存在的现象，无外源碳源加入的情况下污泥浓度较低。在出水标准一级 A 的要求下，单一采用 A^2O、AO、多级 AO 工艺，出水水质一般难以稳定达标。

（2）为保证低浓度农村污水的处理效果，在农村污水处理中应优先选择适合于低浓度污水的处理工艺，可考虑在生物处理单元填充填料的 MBBR 工艺；由于 MBR 能耗较高，不建议农污项目采用；对出水要求低于一级 A 标准的项目，可考虑采用 SBR 等造价低、能耗低工艺，并结合生态处理措施确保稳定达标。

（3）从本项目各站点的 BOD_5/COD_{Cr}、BOD_5/TN 及 BOD_5/TP 值可以看出，污水具有一定可生化性，但由于整体浓度低，导致生物脱氮及生物除磷性能较差。部分站点出水存在由于加药量不够导致 TP 出水不达标的现象，建议在农村污水工艺选择时重点关注除磷性能，且重点应以化学除磷为主。

（4）农污普遍处理规模越小，站点进水水质、水量变化越大。因此，在农村污水处理项目中，建议选择工艺和设备时应考虑其抗冲击负荷能力，并辅助建设规模合理的调节池，应对水量、水质波动。

（5）不同一体化设备造价及运行效果、运行成本差距较大。因此，确定工艺时，宜对工艺选择进行充分比选，对核心组件的品牌和性能进行限定或要求，以确保设备质量。

四、苏州市吴江区农村生活污水治理项目

（一）项目基本情况

本工程主要涉及吴江区汾湖高新区（黎里镇）、同里镇、八坼街道、横扇街道、七都镇、桃源镇、震泽镇和平望镇 8 个乡镇（街道），共 654 个自然村的农村污水收集系统及处理系统建设。主要建设内容为：共需铺设 DN200~DN400HDPE 缠绕管 670km，DE110~DE450PE 直壁管 171km，DN300~DN400 球墨铸铁管 5km，新建 558 座一体化提升泵站，新建 170 套设计处理规模 10~50t/d 的独立处理设施（配套 62 座人工湿地），新建 500 套设计处理规模小于 5t/d 的分散处理设施。通过本工程的建设，可以快速补齐吴江区村镇生活污水处理短

板，为建设"强富美高"新吴江奠定坚实的水环境基础。

（二）设计进出水水质

本项目设计进水水质根据对现状已有的污水处理站水质监测数据、《江苏省农村生活污水处理技术导则（试行）》综合分析后确定；出水标准结合村庄所属区域环境敏感度和站点规模，参考 DB 32/3462—2020《农村生活污水处理设施水污染物排放标准》执行一级 A 标准或一级 B 标准，各水质指标值详见表 5 – 9。

表 5 – 9　设计进出水水质指标　　　　　　　　　单位：mg/L（pH 无量纲）

项目	COD_{Cr}	BOD_5	氨氮	TN	TP	pH	SS
进水水质	≤300	≤150	≤55	≤60	≤6	6.5～8.5	≤200
一级 A 标准	≤50	—	≤8	≤20	≤1	6～9	≤20
一级 B 标准	≤60	—	≤8（15）	≤30	≤3	6～9	≤30

（三）主要工艺

本工程采用优先纳管模式，同时结合实际现场情况采用集中处理及分户处理的模式。针对集中处理设施主要采用单（多）级 AO 工艺，针对分散处理设施主要采用净化槽工艺。具体工艺说明同六合项目主要工艺介绍，本案例不再赘述。

第六章 河湖整治与修复

第一节 技术路线

一、总体思路

河湖整治与修复是指在充分收集区域生态、水质、底质等历史及现状资料的基础上，通过分析诊断现状水体存在的问题，针对性提出生态治理措施，通过人工修复措施促进河湖水生态系统恢复，构建健康、完整、稳定的河湖水生态系统。河湖整治与修复的前提是：河湖沿线截污工程基本完成或近期可完成，无明显点源污染排入水体。

河湖整治与修复工作流程主要包括现状调查与问题识别、外源污染控制与治理、水生态治理目标实现、河湖水质修复与改善，如图6-1所示。

（1）现状调查与问题识别。主要是对河湖水质、水生态状况和污染物排放特征进行识别与评价。污染源调查内容应包括点源、面源、内源、移动源、入河湖排污口情况等，并进行污染负荷分析计算。

（2）确定水生态治理目标。综合项目本底的特点、现状调查分析及上位规划要求，确定河湖生态治理的具体目标，包括河湖水质改善目标、水生动物及植物多样性目标、河湖生态植被覆盖率目标、生态需水及水文情势改善目标、地形地貌修复目标等。

（3）外源污染控制与治理。外源污染控制与治理是河湖水环境修复的重要前提，其核心是减少入河湖污染物，主要措施是排口的治理与截污。

（4）河湖水质修复与改善。主要是为水生态修复及构建创造基础，主要包括地形地貌修复、水质生态改善、生态补水三大类。

二、河湖整治及水生态修复主要措施

（一）地貌形态修复技术

1）生态护岸

生态护岸是将河岸恢复到自然状态或具有自然河岸"可渗透性"的人工型护岸，生态护岸可以保证河岸与河流水体之间的水分交换与调节功能，是城市河道生态修复的重要组成部分，兼具安全与生态的综合任务，需同时满足防洪效应、生态效应、自净效应及景观效应要求。

```
                        ┌─ 河湖基础信息
                        ├─ 河湖水文水资源现状
                        ├─ 河湖水质状况
    现状调查与问题识别 ─┤
                        ├─ 河湖水生生物状况
                        ├─ 河湖污染源调查与计算
                        └─ 河湖现状评价

                        ┌─ 源头减排
                        ├─ 污水集中分散处理
    外源污染控制与治理 ─┤
                        ├─ 截污工程
                        └─ 面源污染控制工程

                                             ┌─ 河道纵向形态修复技术
                        ┌─ 地形地貌修复技术 ─┤─ 生态护岸技术
                        │                     └─ 河道内生境修复技术
                        │
                        │                     ┌─ 生态清淤疏浚
                        │                     ├─ 人工湿地处理
    河湖水质修复与改善 ─┤                     ├─ 水生植物、动物修复
                        ├─ 水质生态改善技术 ─┤─ 生态浮岛
                        │                     ├─ 曝气复氧
                        │                     ├─ 微生物菌剂强化
                        │                     └─ 生物膜法
                        │
                        └─ 生态补水技术

                        ┌─ 水质改善
                        ├─ 生态需水保障
    水生态修复目标实现 ─┤
                        ├─ 生物多样性修复
                        └─ 河流地貌形态修复
```

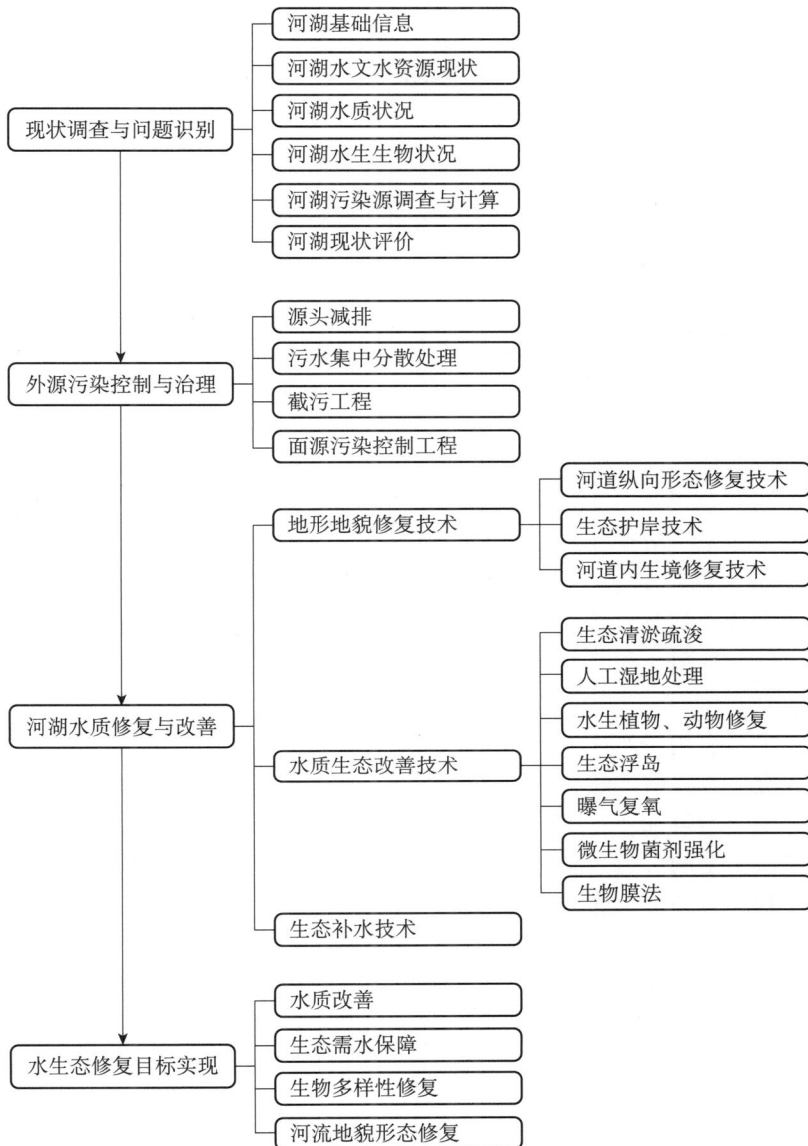

图 6-1　河湖整治与修复工作流程

应根据河道岸坡坡度、水流特点和岸坡土质等因素选择适当的生态型护岸结构型式。按照所采用护岸材料，典型生态型护岸技术主要有天然植物、石笼类、木材－块石类、多孔透水混凝土构件、组合式等不同型式。

2）生态缓冲带

湖滨带又称湖滨水－陆交错带，是湖泊流域陆生生态系统与水生生态系统间的过渡带，其核心范围是最高水位线与最低水位线之间的水位变幅区，对土质驳岸，可通过新建生态缓冲带，削减面源污染负荷，降低入河湖污染负荷。

湖滨带生态修复设计应重点考虑生物多样性、水质净化、水土保持与护岸等生态功能，结合流域管理规划明确河湖滨岸带及水库消落带生态空间管控范围、内容和要求，设计内容

应包括植物物种选择、植物配置、生境营造设计、陆域植物群落恢复、水生植物系统构建等。

3）生境修复技术

生境修复技术主要利用木材、块石、适宜植物及其他生态工程材料相结合，在河道内局部区域构筑的特殊结构，包括水的深度、湍流和均匀流、深潭和浅滩等。

生境修复技术分为生态潜坝、植被构架生境构造技术、遮蔽物、砾石群等。

（二）水质改善技术

1）清淤疏浚

生态清淤是指在无须抽干河流情况下，以遥控、柔和的抽吸清理方式将污泥抽吸至岸上指定地点，并减少水体扰动的清淤方式。生态清淤是黑臭水体治理的重要措施，可有效减少内源污染及底泥污染释放。

生态清淤设计应在底泥勘察及污染状况调查时，合理布设取样点，对底泥污染进行评价并对内源污染负荷进行计算，确定清淤疏浚范围、疏浚深度及清淤工程量，根据施工区情况，确定干式清淤或水下清淤。针对淤泥处置要求，合理选择淤泥脱水工艺及调理剂。坚持在"减量化、稳定化、无害化、资源化"的原则下，积极探索清淤淤泥的资源化形式和路径，应优先考虑工程内部及城市内部消纳，如河道堤岸加固、道路建设、低洼地填方、水下地形重塑，也可用作河道岸坡及城市绿化基质用土等。

2）曝气增氧

曝气增氧技术一般用于水体流动缓慢、水动力不足、水质较差的河湖，或者河湖存在死水区域，主要为提高水中溶解氧含量，增强水体水动力，满足消除黑臭、改善水质、恢复生态环境等需要。曝气增氧加速水体流动，进一步促进了水体和氧气的混合、传递，加速水质净化，提高好氧微生物的活力，降解厌氧产生的 H_2S、CH_4S 及 FeS 等致黑致臭物质，可以有效改善水体黑臭状态，并缓解底泥 TP 的释放速度。

水体充氧设备包括：鼓风机 – 微孔补气管曝气系统、纯氧 – 微孔管曝气系统、纯氧 – 混流增氧系统、叶轮吸气推流式曝气机及水下射流曝气设备。设计时，根据河道的实际水质情况，确定曝气设备的规模、辐射范围、运行方式、曝气机的数量配置等，并结合太阳能曝气治理技术，达到节能减排的目的。

3）生物膜法

生物膜法是利用附着生长于某些固体介质表面的微生物进行水质净化的方法。固体介质可采用人工或天然材料，如弹性填料、组合填料、柔性填料、生物绳、碳素纤维生物悬挂填料、沸石填料等。生物膜技术一般用于水质较差的水体及排口原位强化治理。

4）微生物菌剂

微生物修复技术主要通过培养土著微生物或者投加从自然界筛选出来的优势菌种或通过基因组合技术生产出的高效菌种。培养土著微生物是通过向水体中投加营养物质、无毒表面活性剂、电子受体或共代谢基质来激活水环境中本身具有降解污染物能力的微生物即土著微生物，从而达到水体修复的目的。接种微生物是直接向底泥中投入单一、复合微生物制剂，利用投加的微生物激活水体中原本存在的可以自净的，但被抑制而不能发挥其功效的微生物，通过它们的快速增殖，大量吸收转化水体中的氮、磷等营养盐，抑制藻类生长。投加高效菌种采用先进的生物技术和特殊的生产工艺制成的高效生物活性菌剂，来调控水体中生物群体组成和数量，优化群落结构，提高水体中有自净能力的微生物对污染物的去除效率，使污染物就地降解或转化成无害物质。

微生物修复水体技术存在明显的优缺点，其优点为：原位修复可使污染物在原地被降解清除；操作者与污染物直接接触机会少，不对人产生伤害；控制简单，对周围环境干扰少，无二次污染和污染物转移；可有效降低污染物浓度。缺点为：条件苛刻，影响条件较多；微生物对污染物的降解存在极限浓度；费用相对物化法较高，修复时间相对较长；微生物菌剂使用需考虑河湖水体流动性，静止和缓流水体中使用效果较好，流动性较强水体中微生物菌剂易流失，不建议使用。

5）生态浮岛

生态浮岛是以水生植物为主体，运用无土栽培技术原理，以高分子材料为载体和基质，应用物种间共生关系和充分利用水体空间生态位和营养生态位的原则，建立的高效人工生态系统。

生态浮岛适用范围：水体的水深较深、透明度较低、水生植物种植及存活较困难的河道；水质较差的河道，作为先锋技术逐步改善水体水质；需要景观点缀的河道，净化水质的同时改善景观；直排口原位生态治理的临时措施。用于河道时应充分考虑河道的流速及汛期对河道行洪排涝的影响。

生态浮岛设计时需考虑：①生态浮岛的稳定性及耐久性；②生态浮岛水生植物的搭配；③结合河湖的流速，确定生态浮岛的固定方式；④生态浮岛的管理维护，尤其是冬季；⑤浮岛下方可悬挂生物填料，加强水质净化效果的提升，但需考虑水流速度对生态浮岛系统的影响。

6）水生动物修复技术

水生动物修复技术是生物操纵技术的重要内容，生物操纵是指利用水体生态系统内营养之间的关系，对生物群落及生境进行一系列操纵，达到藻类生物量下降、水质改善的效果。水生动物的投配是为了丰富河湖水生态系统食物链组成，构建健康稳定的生态系统的必要补充。

水生动物生态修复设计时，针对不同生境区域和食物链层级进行相适宜的水生动物的配置。应投放选用本地原生品种，应在水生植物稳定种植至少一个月后再投放，合理确定投放密度和投放比例，避免破坏沉水植物系统。

7）水生植物修复技术

水生植物的构建一般包括挺水植物、浮叶植物、沉水植物的构建。主要功能包括水质净化与景观提升。水生植物优先选择净水效率高的本土植物，或适应当地环境且不会造成生物入侵的物种；慎用外来物种，确需引入的，应做好监测和监管。同时选择具有较强抗病性、抗寒性的抗逆性植物，降低养护成本。

挺水植物适宜水深为 5~40cm，浮叶植物适宜水深为 20~80cm，漂浮植物对水深没有要求，沉水植物适宜水深为 20~200cm。挺水植物种植面积应不超过河湖岸带恢复区水面的20%为宜，沉水植物种植面积不超过河湖水面的50%为宜，注意控制植物的过度蔓延。水生植物的净化效率参照表面流人工湿地去除效率。运维期需要对水生植物进行维护，并进行定期收割及病虫害的防治。

8）人工湿地处理技术

人工湿地系统是由填料及附着在上面的微生物和湿地植物组成的一个动植物生态环境，净化机理包括物理、化学、微生物转化和矿化反应，以及植物吸收及吸附作用。

其中旁路人工湿地作为一种高效水质净化的生态措施，能够起到旁路净化的功能，可适用于污水处理厂尾水、微污染河水、农田退水、鱼塘排水等中低污染水体的水质改善及生态提升。人工湿地处理效果受季节、水力负荷、水力停留时间、水深、湿地填料、植物长势及季节性变化因素影响。地表流人工湿地投资低，但处理能力低，卫生条件差；潜流式人工湿地受气候影响小、卫生条件好，应用较多；垂直复合流人工湿地，可避免短流，延长了停留时间，提高了氮磷污染物的去除率。

（三）生态补水技术

在采用常规水生态治理措施无法满足水质达标要求，且具备补水条件的情况下，可以考虑补水调水方案。生态补水可实现区域水体的循环（或者局部循环），增加系统水动力，提高水体 DO，提高水体的净化效果，进而快速提升水体水质。

生态补水需结合实际河流年内径流量分布情况、水环境容量及水功能区水质要求，选择是否需要进行生态补水。通过水文学方法、水力学方法等合理确定生态需水量。对补水路线，应进行详细的沿线调研及勘察，开展线路比选。对有水质达标要求断面，应结合补水水质、水量及水环境本底条件，进行水质水动力模型计算，确保补水措施有效。设计单位应根据计算结果，明确补水流量、频次、补水水源、水质要求。

三、技术路线

根据水体水质及污染情况本底条件，水生态修复主要分为三种类型：黑臭水体治理、水质改善型水体治理及水生态功能恢复型水体治理，相应技术路线总结如下：

（一）黑臭水体治理技术路线

河湖黑臭一般由于外源有机污染及内源释放有机污染负荷超过了河湖自净能力所致，水体中有机物分解消耗大量溶解氧，水体在长期处于缺氧及厌氧条件下将产生氨气、硫化氢、硫醇等恶臭气体。黑臭水体产生的各种还原性的硫化物和胺类物质，不仅会严重影响河湖水生态系统的健康运行，同时对周边居民产生不良影响。

截污工作是进行黑臭水体治理的前提，在有效截污的基础上，黑臭河湖的治理典型技术路线如下：

硬质驳岸河湖：生态疏浚＋微生物菌剂＋曝气复氧＋人工强化生物膜＋生态浮岛＋活水循环；

土质驳岸河湖：生态疏浚＋微生物菌剂＋曝气复氧＋人工强化生物膜＋生态浮岛＋活水循环＋生态护岸＋滨岸缓冲带修复。

（二）水质改善型水体治理技术路线

河湖水体消除黑臭后，水体往往处于中度或者轻度污染的状况，会面临水体富营养化、藻类水华暴发风险，造成水体缺氧、水生动物死亡等现象，导致返黑返臭。与黑臭阶段不同，该阶段主要任务是为恢复水生态系统奠定基础，因此需对水质进行改善，恢复水体透明度。

水质改善阶段的典型技术路线如下：

硬质驳岸河湖：生态浮岛＋人工强化生物膜＋"水下森林"＋人工湿地＋活水循环；

土质驳岸河湖：生态浮岛＋人工强化生物膜＋"水下森林"＋人工湿地＋活水循环＋生态护岸＋滨水缓冲带构建。

（三）水生态功能恢复型水体治理技术路线

当河湖水质改善后，下一阶段将是逐步修复河湖生态功能。河湖生态功能修复主要包括构建河湖生态系统、恢复自净能力等。

河湖生态功能恢复阶段典型技术路线如下：

"水下森林"＋浮游动物投放＋底栖动物投放＋鱼类投放＋生境多样性构建。

第二节　核心技术

一、食藻虫引导的水下生态修复技术

（一）技术原理及简介

食藻虫引导的水下生态修复是以食藻虫搭配沉水植被修复水下生态系统的一种纯生态修复技术。主要原理为以驯化后的大型枝角类浮游动物食藻虫（见图6-2）搭配改良后的沉水植被——四季常绿矮型苦草及其他沉水植物，辅以鱼虾螺贝等水生动物，通过虫控藻、鱼食虫等模式打通食物链，构建"食藻虫-水下森林-水生动物-微生物群落"共生体系，恢复"草型清水态"自净系统。该技术可实现水生生态系统多维复育，提高水域生态系统对各类污染物质的自净能力，使水质得到显著改善，生态修复效果达到长效稳定。该技术具有纯生态、不产生二次污染、节能环保及修复速度快捷等特点。

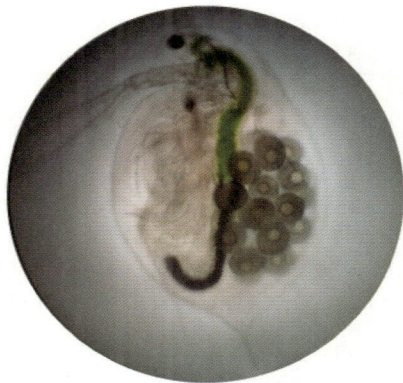

图6-2　驯化后食藻虫实物图

（二）技术核心

食藻虫引导的水下生态修复技术攻克了水生态修复的三个技术壁垒。

（1）食藻虫控藻、食污。食藻虫以水体中藻类、有机颗粒等为主要食物来源，每天可吞食数十倍于自身体积的藻类等，将其消化分解为水、无机盐和无毒的动物蛋白，使水中藻类含量大幅降低，失去种群优势，快速提高水体透明度，为水生态系统的构建创造条件。

（2）水草驯化与水下森林构建。改良四季常绿矮型苦草具有矮型化、四季常绿、耐污染、耐阴耐弱光等特点，净化效率高，景观效果好，且维护简单，解决了沉水植被季节性演替产生的一系列问题。

（3）生态平衡调控、富营养资源化。通过收获鱼虾螺贝及收割水草，将水中富营养转移上岸。

（三）技术优势

食藻虫引导的水下生态修复技术遵循经典生态学理论，从根本上解决水体富营养化问题，改善水质同时，提升水体透明度，并营造良好水体景观。该技术主要优势为：

（1）纯生态、无二次污染。水生态系统构建后，将形成完整的食物链，发挥水域生态系统的自净能力。

（2）节能环保。水生态系统构建后，仅需对系统进行后期及应急维护，无须额外耗材及能源投入，且有一定量的清水产出。

（3）修复速度快。无须额外占地，可采用"分区治理、同时施工"的原则，极大地缩短施工工期。

普通浮游动物与改良型控藻浮游动物主要性能对比见表6-1。

表6-1　普通浮游动物与改良型控藻浮游动物主要性能对比

序号	项目	改良型控藻浮游动物	普通浮游动物	备注
1	浮游动物体型大小/mm	4～6	1～3	
2	摄食藻类个数/万个	100～150	30	24h，以小球藻为例
3	藻毒素致死浓度/（万个/mL）	150以上	50	
4	摄食食物颗粒大小/μm	0～400	0～80	
5	可耐受最高温/℃	35	30	2mg/L以上溶解氧
6	耐低溶解氧/（mg/L）	0.5	8	正常生存

（四）适用边界

（1）水体流速：流速宜小于1.0m/s。当流速大于1.0m/s时，只有部分沉水植物可存活，生态系统难以稳定构建，达不到预期治理效果。

（2）水体深度：适宜水深宜不小于0.4m，宜不大于5.5m。当河湖水深小于0.4m时，夏季水温较高，冬季易结冰，均不利于沉水植物的生长；当水深大于5.5m时，阳光很难穿透水体，水体光线微弱，导致沉水植物无法进行正常的光合作用。

（3）污水入河/湖量：每天可承受的入河生活污水量为项目水体蓄水量的5%～10%。

（4）未经处理的工业污水：不可排入大流量、高强度工业污水。

（5）温度：不受气温影响，水草在冬季能正常生长。

（6）台风和暴雨天气：正常情况下，台风和暴雨天气对该技术修复的水生态影响不大，暴雨过后一般3～7d可明显改善，7～10d可恢复至被破坏前水平。

（7）水域面积：面积宜大于50 000m²，面积越大，水体纳污能力越强，治理效果越好。

（8）深度净化类项目进水水质要求：进水水质一级 A 及以上，不含重金属、酚类等尾水。

二、四季常绿矮型苦草修复技术

（一）技术原理及简介

四季常绿矮型苦草修复技术是选取改良的以四季常绿矮型苦草为代表的沉水植物进行水下森林构建的修复技术。经改良以四季常绿矮型苦草为代表的沉水植物具有矮型化、四季常绿、耐污染、耐弱光等特点，其根茎叶发达、光合作用强，可产生大量的原生氧，能够高效吸收、转化氮磷等营养盐，适用于各种水体。可解决水草人工收割维护成本高、植物死亡腐败造成的二次污染等问题。

（二）技术特点

改良矮型苦草具有矮化、四季常绿、根系发达、氮磷效率高等特点，高度约 50cm 左右（普通苦草高度可达 1.5 m），具有净化效率高、不易长出水面、易于维护等特点。四季常绿矮型苦草与普通苦草的主要性能对比见表 6 - 2，水下矮型苦草生长效果如图 6 - 3 所示。

表 6 - 2　四季常绿矮型苦草与普通苦草的性能对比

特性	普通苦草	四季常绿矮型苦草
生长特性	植株较高，受季节影响大，光合作用效率低，易泛滥	植株低矮，四季常绿，光合作用效率高，不泛滥
植株高度	株高 1m 以上，出水面	株高低矮，大致 50cm 左右，不会出水面
耐弱光	光补偿点 500lx，较高	光补偿点 196lx，较低
耐污性	一般	增强
耐温性/℃	10 ~ 25	0 ~ 38
耐水深/m	0.5 ~ 1.2	0.4 ~ 5.0

图 6 - 3　矮型苦草实物图

（三）技术优势

（1）耐低温：低温能够正常存活，适用于寒冷地区或冬季的建群种使用。

（2）耐弱光：光补偿点仅196lx，适用范围较广，在深水水体及低光照地区水生态修复成功率较高。

（3）不开花不结籽：植株通过分蘖生长，发生分枝并生长扩散，保障沉水植物四季覆盖度，避免植株开花结籽死亡造成的营养盐二次释放，维持草型清水态水体。

（4）耐污性能强：深水条件下可产生大量的还原性氧，抑制底泥再悬浮及氮磷营养盐释放，促进氮的硝化/反硝化作用及磷的沉降，提升耐污性能。

第三节 技术支撑体系建设

一、标准化文件

（1）Q/CTG 402《长江大保护河湖水体生态修复项目运行维护规程》。

（2）Q/YEEC 008《长江大保护人工湿地工程施工及质量验收规范》。

（3）《长江大保护河湖综合治理项目清淤专项初步设计技术控制要点》。

（4）《长江大保护河湖水生态修复技术控制要点》。

二、专利

主要水体生态修复技术专利见表6-3。

表6-3　水体生态修复技术专利

序号	专利名称	授权号/登记号	专利类型	备注
1	一种湿地小管径引水倒虹吸管防淤和冲洗系统	CN212843571U	实用新型	已授权
2	河道重力式混凝土防洪墙生态改造结构	CN213203979U	实用新型	已授权
3	一种水文监测用防水草铅鱼	CN212843571U	实用新型	已授权
4	一种湖泊排口CSO溢流污染生态原位处理净化系统	CN214360869U	实用新型	已授权
5	一种用于河床生态修复的新型植草砖	CN215329707U	实用新型	已授权
6	一种水环境监测用浮标	CN215245382U	实用新型	已授权
7	滏、挺水植物、生物处理系统联合修复富营养化水体装置	CN216106510U	实用新型	已授权
8	一种过滤去除藻类的富营养化水体净化装置	CN216638993U	实用新型	已授权
9	一种水环境治理用污水生态净化设备	CN216837375U	实用新型	已授权
10	一种水库水环境模拟装置	CN216847774U	实用新型	已授权

三、科研项目

（一）公司科研项目

（1）污水处理厂尾水生态湿地及河道生态用水技术研究。

（2）基于 SWMM 模型的面源污染控制技术研究——以九江市两河片区为例。

（二）员工科研项目

（1）汤逊湖流域综合治理一期工程水生态修复示范工程效果评估研究。

（2）长三角一体化示范区平原水网圩内河湖水环境治理和生态修复技术研究。

（3）典型山地流域水环境特征及综合治理评价方法研究。

第四节　典型案例

一、武汉市汤逊湖流域综合治理一期工程之红旗湖生态净化工程

（一）现状情况

汤逊湖水域面积 47.6km²，红旗湖位于汤逊湖东北角，水域面积 1.37km²，湖湾面积占全湖的 4.2%。受雨污混接、污水处理厂尾水排放、初雨径流污染、湖区围垦养殖等影响，红旗湖片区中红旗渠等水体向汤逊湖外源输入严重，红旗湖水体流动性差，水生态系统严重受损。

主要存在以下几方面问题：

（1）湖区水质不达标。据红旗湖湖区监测点水质数据结果（见表 6-4），水质为 V 类~劣 V 类，湖心水质略好，部分点位可到 IV 类，但湖区总体水质距离水功能区划要求尚有一定距离，雨天时部分点位水质恶化。湖区水质主要超标指标为 TP、COD$_{Cr}$ 和氨氮。湖区处于中度至轻度富营养化水平，存在富营养化风险。

表 6-4　红旗湖水质监测数据表（2019 年第一季度）

采样日期	透明度/cm	氧化还原电位/mV	总氮/（mg/L）	溶解氧		氨氮		TP		COD$_{Cr}$	
				监测数据/（mg/L）	水质类别	监测数据/（mg/L）	水质类别	监测数据/（mg/L）	水质类别	监测数据/（mg/L）	水质类别
2月11日	—	—	0.5	9.6	I	0.25	II	0.19	V	55	劣V
3月5日	—	—	2.32	8.60	I	0.71	III	0.25	劣V	49	劣V

（2）湖区存在内源污染。湖区主要内源污染物为 TN 和 TP，大多数污染物集中在表层，重金属指标均能满足标准要求，底泥内源释放影响湖区水质。

（3）生态系统稳定性低。红旗湖近半湖体目前为鱼塘及藕塘，受人为干扰较重，以荷花、莲藕为主，未发展出自然植被群落。滨水岸线缺失，生物多样性水平较低，生态系统成

分组成简单，结构不稳定，系统自我调节能力弱。

（4）水体自净能力差。红旗湖水体连通性差，且多年以来养殖业的发展导致水体营养浓度相对较高，生物降解与吸收作用受到影响，湖体自净能力相对较弱。

综上所述，红旗湖现状问题导致湖泊自身水质无法稳定达标，更无法承担主湖生态缓冲区的污染削减任务。根据相关批复，红旗湖未来需接纳应急处理设施尾水 6 万 m^3/d 和红旗渠溢流 2 万 m^3/d，此外，远期红旗湖还可能接纳规划汤逊湖初雨厂尾水。

（二）治理方案

红旗湖净化湿地面积为 $1.37km^2$，湖区分为前置缓冲区、强化处理区和自然湿地区。前置缓冲区稳定来水水质、水量，均匀布水，缓冲超标雨水。强化处理区采用 EHBR 工艺，消纳水中有机物和氨氮。自然湿地区构建以沉水植物为主导的水生态系统进一步净化水质。自然湿地区分为生态净化区和湿地涵养区。治理方案技术路线如图 6 - 4 所示。

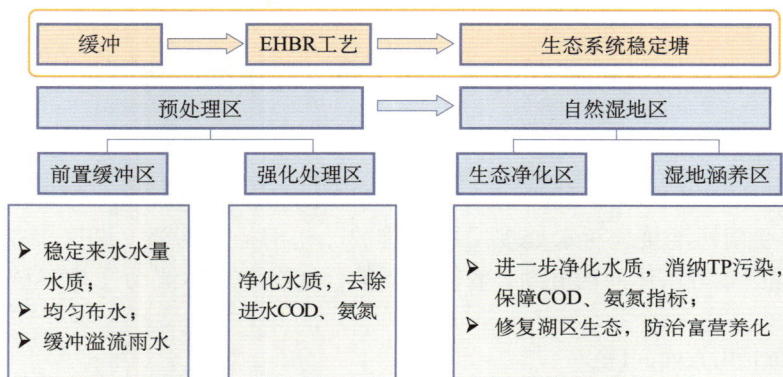

图 6 - 4　治理方案技术路线

湿地采用导流潜堤和软围隔导流。入水口位于湖区东北部，采用泵站取水，北部湖面利用现有鱼塘隔埂布置导流潜堤，水流进入后经潜堤导流进入南部水面，南部水面布置一道导流软围隔，潜堤和软围隔的设置增加水体停留时间，减少水体断流。2 号溢流通道处设置溢流通道导流潜堤，减少超标雨水对大湖面水生态系统的冲击。湿地出水口为藏龙大道桥涵。

为保障系统构建和净化效果，利用现有地形构建湿地基底，主要措施有鱼塘隔埂拆除、地形调整、导流潜堤构建、局部区域清淤、湖区底质改良，之后构建 EHBR 膜系统、水生植物、动物群落，并布置增氧曝气系统。

红旗湖生态净化工程总平面布置如图 6 - 5 所示。

1）前置缓冲区

主要功能：稳定来水水量水质，均匀布水，缓冲超标雨水。

2）强化处理区

主要功能：去除进水 COD_{Cr}、氨氮。

污染物面积负荷：根据 EHBR 工程经验，EHBR 对氨氮、COD_{Cr} 指标的降解负荷见表 6 - 5。

图 6-5　红旗湖生态净化工程总平面布置示意图

表 6-5　EHBR 工艺污染物降解负荷

污染物指标	进水浓度/（mg/L）	降解负荷/［g/（m²·d）］
氨氮	2 ~ 5	1.4 ~ 2.8
	5 ~ 10	2.8 ~ 4.2
	10 ~ 20	4.2 ~ 5.6
	> 20	5.6 ~ 7
COD$_{Cr}$	30 ~ 50	14 ~ 28
	50 ~ 150	28 ~ 52.5
	> 150	52.5 ~ 70

　　本工程进水 COD$_{Cr}$ 浓度为 50mg/L，氨氮浓度为 5mg/L，考虑一定的富余量，本工程 EH-BR 工艺 COD$_{Cr}$、氨氮降解负荷分别取 15g/（m²·d）、1.5g/（m²·d）。

　　3）自然湿地区

　　主要功能：消纳 TP，保障 COD$_{Cr}$、氨氮指标，修复湖区生态，防治富营养化。各单元主要参数见表 6-6。

表 6-6 工程主要参数

分区	面积/hm²	水力停留时间/d	水力负荷/[m³/(m²·d)]	设计污染物削减量/(kg/d)			设计污染物负荷/[g/(m²·d)]			设计最小膜表面积或湿地面积/万 m²
				COD_Cr	氨氮	TP	COD_Cr	氨氮	TP	
前置缓冲区	6	2.3	1.3	—	—	—	—	—	—	—
强化处理区	20	5.3	0.4	800	158.4	—	15	1.5	—	10.6
自然湿地区	111	25.7	0.1	—	321.6	24	—	2	0.05	48

（三）主要技术产品应用

1）微生物菌剂

以微生物进行底质改良，通过生物修复原位治理法，为水生植物群落的构建打下基础。

微生物底质改良通过提升水体及底泥的氧化还原电位，在氧化环境下抑制底泥表层污染物释放，钝化表层污染物；再通过种植沉水植物，利用植物根系逐步吸收降解底泥中的污染物，实现红旗湖底质改良和生态修复双重目标。本项目根据水体断面污染状况分批次投放，遇暴雨、持续阴天及突发污染事件时补投。

2）控藻浮游动物

通过控藻浮游动物（改良型）捕食水体中的有机悬浮物，改善在回水过程中水体扰动等原因造成的胶体悬浮，水体透明度低问题，迅速提升水体透明度。控藻浮游动物投放示意图如图 6-6 所示。

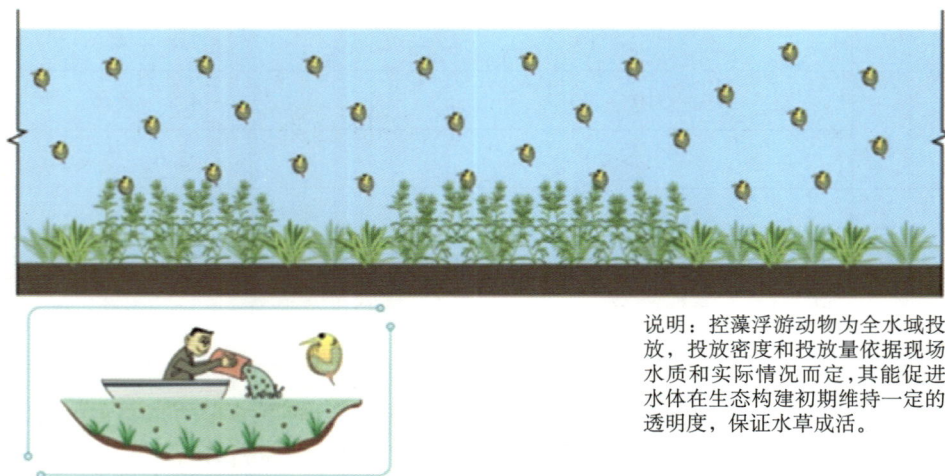

说明：控藻浮游动物为全水域投放，投放密度和投放量依据现场水质和实际情况而定，其能促进水体在生态构建初期维持一定的透明度，保证水草成活。

图 6-6 控藻浮游动物投放示意图

红旗湖生态净化区水体面积 36 万 m²，平均水深 1.65m，控藻浮游动物原液浓度为 4000～6000 个/L，本区域投放浓度取 180mL/m²，投放量为 64 800L 原液。

3）四季常绿矮型苦草

选用改良型矮型苦草为主要建群种，搭配轮叶黑藻、小茨藻、伊乐藻、狐尾藻和金鱼藻等为辅助建群种，形成四季常绿的稳定生态系统。

（四）治理后效果评估

红旗湖工程实施前后效果分别如图6-7、图6-8所示，经治理后红旗湖 COD_{Cr}、氨氮、TP 的全年平均水质浓度分别为27.71mg/L、1.43mg/L、0.15mg/L，水质类别分别为Ⅳ、Ⅳ、Ⅴ类，满足水质目标要求和待削减负荷的消纳要求。春、夏、秋、冬及全年红旗湖出口各指标平均浓度见表6-7，四个季节中，夏季平均浓度最低，冬季平均浓度最高。

图6-7　治理前场地内水体富营养化较为严重

图6-8　治理后透明度改善，生态系统重建

表6-7　工程实施后红旗湖出口水质浓度变化统计

时间	指标	引水量/（万 m³/d）	平均浓度/（mg/L）	类别
春季	COD_{Cr}	8	26.12	Ⅳ
春季	氨氮		1.42	Ⅳ
春季	TP		0.15	Ⅴ
夏季	COD_{Cr}	8	21.46	Ⅳ
夏季	氨氮		1.00	Ⅳ
夏季	TP		0.11	Ⅴ
秋季	COD_{Cr}	8	27.98	Ⅳ
秋季	氨氮		1.32	Ⅳ
秋季	TP		0.14	Ⅴ
冬季	COD_{Cr}	8	35.29	Ⅴ
冬季	氨氮		1.98	Ⅴ
冬季	TP		0.20	Ⅴ
全年	COD_{Cr}	8	27.71	Ⅳ
全年	氨氮		1.43	Ⅳ

二、芜湖市江东湿地

（一）现状问题

1）尾水直排长江不达标

石城塘区朱家桥污水处理厂出水水质为一级 B 标准，目前正在提标一级 A 标准的改造中，需对该污水处理厂尾水进一步提升处理，改善流域水生态环境，避免尾水直排长江（达到或优于Ⅲ类），对长江水质产生不利影响。

2）周边水系缺少，易返黑返臭

根据现场调查及资料分析，石城塘区板城埠水系及保兴埠水系水体流动性差，在水源补给不足的现状条件下，水动力较差、水体流动性不足，部分河段水体接近于死水，在一定程度上加剧了水质的恶化，易引起水系返黑返臭，如图6-9所示。

3）现状石城塘区域水环境较差

石城塘区域水域较多，但水体零散，水质总体较差，现状污染较严重的高架雨水经雨落管直排路面或水体，水质条件较差的周边雨水管网直排水体，如图6-10所示。区域场地被高架、铁路及城市道路割裂严重，场内现有设施简单，路网条件较差且不成系统，停车、自行车人行等相关设施缺失。总之，现状石城塘区域水环境较差、场地被割裂、基础设施缺乏，导致区域特色及文化缺失、景观较差、地区活力不足。

（二）治理方案

1）治理思路

主要通过"潜流湿地＋强化处理湿地＋生态涵养湖泊"的生态措施对尾水进一步深度净

图 6 - 9　治理前状态（一）

图 6 - 10　治理前状态（二）

化。其中潜流湿地与强化处理湿地可以串联也可以并联，通过湿地系统实现高效脱氮除磷。在此基础上，通过恢复涵养湖泊湿地的生态自净系统，增强其对营养物质的吸收，提高水域生态系统对各类污染物质的自净能力，使湖泊水质得到显著改善并长效保持。在改善江东生态湿地公园现有大水面水质的同时，湖泊湿地实现水生生态系统纳污净化功能，进一步净化污水处理厂尾水。

　　2）技术路线

　　治理方案技术路线如图 6 - 11 所示。

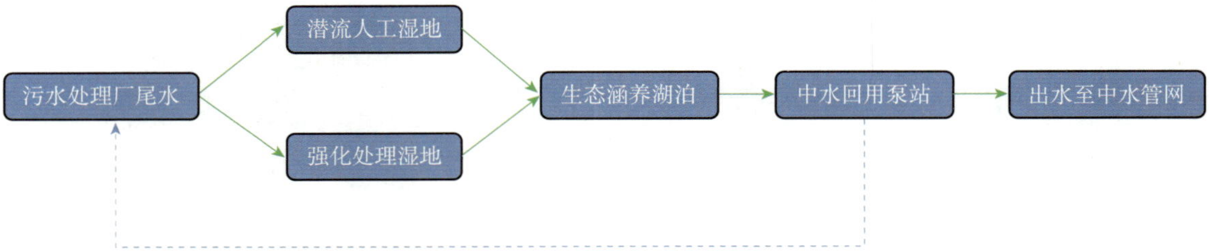

图6-11　治理方案技术路线

江东生态湿地公园（一期）规模：芜湖市江东生态湿地公园一期建设用地共计$16.6hm^2$，处理规模为4万m^3/d。采用“人工潜流湿地+强化处理湿地+生态涵养湖泊”工艺方案，其中潜流湿地占地面积$2.9hm^2$，含进出水、道路设施等占地$0.9hm^2$；强化处理湿地占地面积$3.7hm^2$，含进出水、道路设施等占地$0.7hm^2$；生态涵养湖泊占地面积$10hm^2$，含道路、设备用房等用地$2hm^2$。湿地系统设计进水水质见表6-8，出水水质见表6-9。

表6-8　湿地系统进水水质　　单位：mg/L

指标	COD_{Cr}	BOD_5	TN	氨氮	TP
进水水质	≤50	≤10	≤15	≤5（8）	≤0.5

表6-9　湿地系统出水水质　　单位：mg/L

指标	COD_{Cr}	氨氮	TP	DO	BOD_5	高锰酸盐
出水水质	≤30	≤1.5	≤0.3	≤3	≤6	≤10

湿地工程出水进入板城埠、保兴埠水系作为补水水源，有效防止水系内河道返黑返臭。

（三）主要技术产品应用

（1）利用改良型控藻浮游动物提高水体透明度的方式，具有生态、安全、效率高等优点。

（2）利用改良矮型苦草进行水生态修复：

①植株低矮，四季常绿，光合作用效率高，不泛滥。

②景观效果好。

③耐污性强。

④种植适宜水深可达5m。

⑤耐弱光性强。

（四）治理后效果评估

在石城塘区域通过“潜流湿地+强化处理湿地+生态涵养湖泊”等工艺措施，对朱家桥污水处理厂尾水进行深化处理，根据水质监测结果（见表6-10），处理后尾水水质达到了地表Ⅲ类，排入周边板城埠、保兴埠水系，以改善水动力条件达到活水保质的效果，改善水生态环境，提升城市绿地景观，治理效果如图6-12所示。

表 6-10　检测报告

检测报告			样品编号		E218035-001	E218035-002	E218035-003	E218035-004
			样品原标识		W1	W2	W3	W4
报告编号：SEP/SH/G/E218035			样品性状		水样	水样	水样	水样
检测项目	CAS 号	检测方法	检测限	单位	废水	废水	废水	废水
无机	—							
悬浮物	—	GB/T 11901—1989	5	mg/L	ND	15	13	9
化学需氧量	—	HJ 828—2017	4	mg/L	13	9	11	10
五日生化需氧量	—	HJ 505—2009	0.5	mg/L	2.7	1.9	2.3	2.0
亚硝酸盐氮	—	HJ 84—2016	0.005	mg/L	ND	ND	0.032	0.023
硝酸盐氮	—	HJ 84—2016	0.004	mg/L	6.51	7.45	4.18	4.79
可溶性磷酸盐	—	CJ/T 51-2-18（29.2）	0.05	mg/L	ND	ND	ND	ND
氨氮	—	HJ 535—2009	0.025	mg/L	0.029	ND	0.027	0.029
总氮	—	HJ 636—2012	0.05	mg/L	8.82	7.99	5.63	6.91
总磷	—	GB/T 11893—2989	0.01	mg/L	0.14	0.14	0.14	0.09
叶绿素 a	—	HJ 897—2017	2	mg/L	ND	2	5	ND

图 6-12　治理效果

第七章　固废处理处置及资源化

第一节　技术路线

一、总体思路

长江大保护所面临的污泥问题主要是缺乏全链条的评估与跨行业的整合，具体表现为：污泥处理处置技术路线整体成熟度不高，污泥处理处置存在跨行业、跨部门的壁垒与创新性不足。针对以上问题，三峡集团提出三峡治泥思路：一是"厂网泥一体"下的"一城一策"模式，将"厂网一体、泥水并重"提升到"厂网泥一体"的高度；二是集成优选产业链模式，考虑多种技术组合，实现污泥的全处理、全核销；三是因地制宜的协同模式，实现原料的多渠道协同与产物的多途径处置利用；四是可持续的发展模式，实现污泥处理处置过程经济可行、环保可靠、政府减负。遵循以上原则及要点，在实践中总结提炼了以下典型的固体废弃物处理处置及资源化工艺路线。

二、市政污泥

污泥处置方式决定处理方式。污泥处置包括土地利用、焚烧及建材利用、填埋等方式。

应优先考虑污泥土地利用。首先调查本地区可利用土地资源的总体状况，结合污泥泥质，优先研究污泥土地利用的可行性。将城镇生活污水产生的污泥经厌氧消化或好氧发酵处理后，严格按国家相关标准进行土地利用。

当污泥不具备土地利用条件时，可考虑采用焚烧及建材利用的处置方式。当污泥采用焚烧方式时，应首先全面调查当地的垃圾焚烧、水泥及热电等行业的窑炉状况，优先利用上述窑炉资源对污泥进行协同焚烧，降低污泥处理处置设施的建设投资。当污泥单独进行焚烧时，干化和焚烧应联用，以提高污泥的热能利用效率。污泥也可直接作为原料制造建筑材料，或者把经烧结的最终产物用于建筑工程的材料或制品。当污泥泥质不适合土地利用，且当地不具备焚烧和建材利用条件，方可采用填埋处置。

污泥处理处置系统应包含污泥稳定化、减量化、无害化处理处置过程，在此基础上宜实现资源化。

基于以上关于处置路径的分析和排序，实践中总结提炼了6条典型的市政污泥处理处置工艺路线。

（一）污泥浓缩→厌氧消化→脱水→后腐熟→土地利用

1）适用条件

适用于大规模（干污泥 20t/d 及以上）、有机物含量高（污泥干基有机质含量≥50%）的污泥处理主要工艺。

2）工艺路线简介

污泥减量化单元主要包括污泥浓缩和脱水，其中污泥浓缩方式主要包括重力浓缩、离心浓缩、带式浓缩和气浮浓缩等，将污泥含水率降至 92%~98%。污泥脱水方式主要包括离心脱水和带式脱水，将污泥含水率降至 80% 以下。

污泥稳定化单元主要包括污泥厌氧消化，一般采用中温厌氧消化（35℃±2℃），固体停留时间应大于 20d，有机物负荷一般为 2.0~4.0kg/（$m^3 \cdot d$），有机物降解率可达到 35%~45%。

污泥无害化单元主要包括污泥好氧发酵，一般采用槽式堆肥，通过好氧微生物的生物代谢作用，使污泥中有机物转化成稳定的腐殖质。代谢过程中产生热量，可使堆料层温度升高至 55℃ 以上，可有效杀灭病原菌、寄生虫卵和杂草种子，并使水分蒸发。

污泥资源化处置路径为土地利用，通常包括土地改良、园林绿化和农用这三种形式。

如果当地存在盐碱地、沙化地和废弃矿场，应优先使用污泥对这些土地或场所进行改良，实现污泥处置。用于土地改良的泥质应符合 GB/T 24600—2009《城镇污水处理厂污泥处置　土地改良用泥质》的规定。应对改良方案进行环境影响评价，防止对地下水及周围生态环境造成二次污染。

当污泥经稳定化和无害化处理满足 GB/T 23486—2009《城镇污水处理厂污泥处置　园林绿化用泥质》的规定和有关标准要求时，应根据当地的土质和植物习性，提出包括施用范围、施用量、施用方法及施用期限等内容的污泥园林绿化或林地利用方案，进行污泥处置。

当污泥经稳定化和无害化处理达到 GB 4284—2018《农用污泥污染物控制标准》等国家现行的国家和地方现行的有关农用标准和规定时，可根据当地的土壤环境质量状况和农作物特点及土壤环境质量标准，研究提出包括施用范围、施用量、施用方法及施用期限等内容的污泥农用方案，经污泥施用场地适用性环境影响评价和环境风险评估后，进行污泥农用并严格进行施用管理。

以上三种土地利用方式的利用量可考虑随季节等因素进行动态调整。

3）典型工艺流程

典型工艺流程如图 7-1 所示。

图 7-1　典型工艺流程

（二）污泥浓缩→厌氧消化→污泥脱水→污泥热干化→（协同）焚烧→填埋或建材利用

1）适用条件

适用于大规模（干污泥 20t/d 及以上）、有机物含量高（污泥干基有机质含量≥50%）、污泥土地利用受限的污泥处理主要工艺。

2）工艺路线简介

污泥减量化单元主要包括污泥浓缩、脱水和热干化，其中污泥浓缩方式主要包括重力浓缩、离心浓缩、带式浓缩和气浮浓缩等，将污泥含水率降至92%~98%。污泥脱水方式主要包括离心脱水和带式脱水，将污泥含水率降至80%以下。热干化可选用低温带式干化、桨叶干化、圆盘干化、薄层干化等，将污泥含水率进一步下降至40%以下。

污泥稳定化单元主要包括污泥厌氧消化，一般采用中温（35℃±2℃）厌氧消化，固体停留时间应大于20d，有机物负荷一般为2.0~4.0kg/（m³·d），有机物降解率可达到35%~45%。

干化后的污泥可采用独立焚烧或协同焚烧，焚烧后的灰渣进行填埋或者建材利用。污泥独立焚烧一般采用鼓泡型流化床或者立式回旋炉。协同焚烧可利用的工业窑炉包括水泥窑、垃圾焚烧炉、燃煤电厂锅炉等。

3）典型工艺流程

典型工艺流程如图7-2所示。

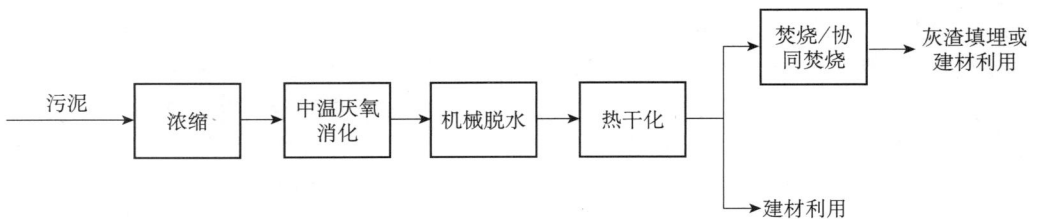

图7-2 典型工艺流程

（三）污泥浓缩→生物质协同厌氧消化→脱水→后腐熟→土地利用

1）适用条件

适用于大规模（干污泥20t/d及以上）、有机物含量低（污泥干基有机质含量<50%）的污泥处理主要工艺。

2）工艺路线简介

污泥减量化单元主要包括污泥浓缩和脱水，其中污泥浓缩方式主要包括重力浓缩、离心浓缩、带式浓缩和气浮浓缩等，将污泥含水率降至92%~98%。污泥脱水方式主要包括离心脱水和带式脱水，将污泥含水率降至80%以下。

污泥稳定化单元主要包括污泥厌氧消化，因为低有机质含量污泥（污泥干基有机质含量<50%）的污泥单独厌氧消化投入产出比较低，可采用生物质协同厌氧的方式，即污泥与餐厨垃圾或粪便混合厌氧，一般采用中温（35℃±2℃）厌氧消化。

污泥无害化单元主要包括污泥好氧发酵，一般采用槽式堆肥，堆肥产品通过土地利用的方式进行资源化利用。

3）典型工艺流程

典型工艺流程如图7-3所示。

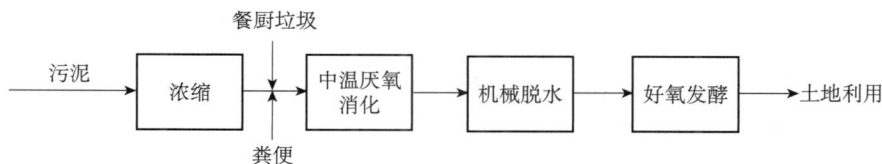

图 7 - 3　典型工艺流程

（四）污泥浓缩→生物质协同厌氧消化→污泥脱水→污泥热干化→（协同）焚烧→填埋或建材利用

1）适用条件

适用于大规模（干污泥 20t/d 及以上）、有机物含量低（污泥干基有机质含量＜50%）、污泥土地利用受限的污泥处理主要工艺。

2）工艺路线简介

污泥减量化单元主要包括污泥浓缩、脱水和热干化，其中污泥浓缩方式主要包括重力浓缩、离心浓缩、带式浓缩和气浮浓缩等，将污泥含水率降至 92%~98%。污泥脱水方式主要包括离心脱水和带式脱水，将污泥含水率降至 80% 以下。热干化可选用低温带式干化、桨叶干化、圆盘干化、薄层干化等，将污泥含水率进一步下降至 40% 以下。

污泥稳定化单元主要包括污泥厌氧消化，因为低有机质含量污泥（污泥干基有机质含量＜50%）的污泥单独厌氧消化投入产出比较低，可采用生物质协同厌氧的方式，即污泥与餐厨垃圾或粪便混合厌氧，一般采用中温（35℃±2℃）厌氧消化。

干化后的污泥可采用独立焚烧或协同焚烧，焚烧后的灰渣进行填埋或者建材利用。污泥独立焚烧一般采用鼓泡型流化床或者立式回旋炉。协同焚烧可利用的工业窑炉包括水泥窑、垃圾焚烧炉、燃煤电厂锅炉等。

3）典型工艺流程

典型工艺流程如图 7 - 4 所示。

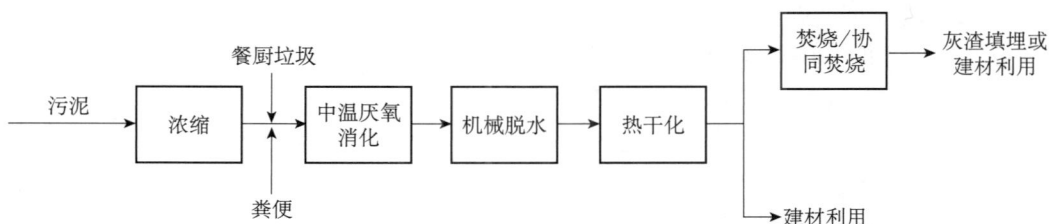

图 7 - 4　典型工艺流程

（五）污泥浓缩→污泥脱水→好氧发酵→土地利用

1）适用条件

适用于小规模（干污泥 20t/d 以下）的污泥处理主要工艺。

2）工艺路线简介

对于小规模污泥项目，如果附近有土地利用的场所，则优先采用好氧堆肥工艺。

污泥通过浓缩脱水减量后含水率降至 80% 以下，可采用叠螺、带式或者离心脱水。脱水污泥通过槽式堆肥或者筒仓式堆肥后进行土地利用。

3）典型工艺流程

典型工艺流程如图 7 - 5 所示。

图 7 - 5　典型工艺流程

（六）污泥浓缩→污泥深度脱水（石灰稳定化）→填埋或建材利用

1）适用条件

适用于小规模（干污泥 20t/d 以下）、土地利用受限的污泥处理主要工艺。

2）工艺路线简介

对于小规模且土地利用受限的污泥项目，则采用深度脱水工艺。

污泥通过浓缩和深度脱水后含水率降至 60% 以下，深度脱水可采用板框压滤机或深度脱水带式机。脱水药剂可采用生石灰，起到石灰稳定化的作用。

深度脱水后的污泥通过填埋或者建材利用的方式处置。

3）典型工艺流程

典型工艺流程如图 7 - 6 所示。

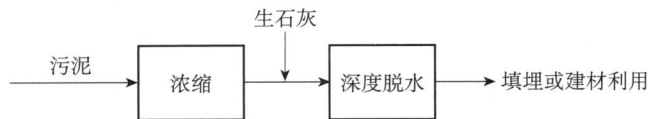

图 7 - 6　典型工艺流程

三、餐厨垃圾

餐厨垃圾是餐饮垃圾和厨余垃圾的总称。餐饮垃圾指餐馆、饭店、单位食堂等的饮食剩余物以及后厨的果蔬、肉食、油脂、面点等的加工过程废弃物，具有产量大、点多、面广的特点。厨余垃圾是家庭日常生活中丢弃的果蔬及食物下脚料、剩菜剩饭、瓜果皮等易腐有机垃圾，主要来自居民家庭，具有点多，但每个产生源的产生量不大的特点。餐厨垃圾占生活垃圾的比重大，含水率高，含有丰富的有机质，适合进行资源化处理。

餐厨垃圾资源化技术路线主要有厌氧发酵、好氧堆肥和协同焚烧。餐厨垃圾因其来源和性状不同，在资源化处理之前通常需要进行不同的预处理工艺。

（一）工艺路线一：厌氧消化

1）适用条件

适用于 50t/d 以上餐厨垃圾集中处理项目。

2）工艺路线简介

厌氧消化是指垃圾中有机物在无氧条件下被微生物分解转化为甲烷和二氧化碳等气体，即沼气，并合成自身细胞物质的生物过程，影响厌氧消化过程的因素有很多，其中主要有厌氧条件、消化温度、pH、营养物质、接种物、有毒物质和搅拌等。

餐厨垃圾的厌氧消化工艺源于污泥、农业废物等有机物的厌氧消化技术。餐厨垃圾中有机物含量高、可生化性好的特点，使其进行厌氧消化的适用性很好，资源化程度很高，但由于餐厨垃圾成分复杂，厌氧消化的处理效率、稳定性还取决于垃圾分选、浆液化等预处理工序的效果。

为了保障厌氧及后续处理工艺的正常运行，需要根据餐厨垃圾组分特征采取适当的预处理工艺，将不适合后续厌氧处理的杂质去除，调节进入厌氧消化过程中物料的含杂率、物料粒径、含固率、物料温度、pH、碳氮比等满足后续主体工艺对物料的要求，以保证在发酵过程中为厌氧微生物的降解创造良好的环境。

3）典型工艺流程

典型工艺流程如图 7 - 7 所示。

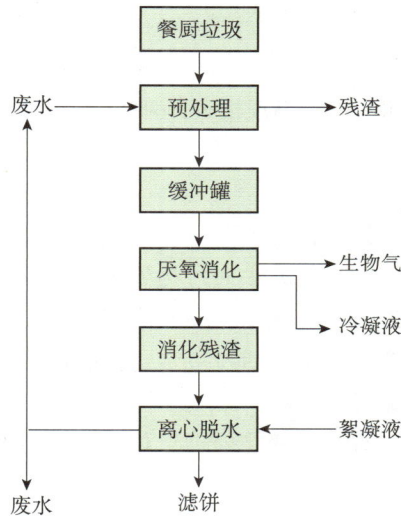

图 7 - 7　典型工艺流程

（1）进料与预处理。收集到的餐厨垃圾采用桶装式密闭餐厨垃圾收运车进行运输，垃圾车内设有挤压推板，能实现罐体内餐厨垃圾油水的初步分离，被分离的污水进入罐体底部的污水箱，固状物质被压缩后留在罐体内，通过推挤排料卸入预处理环节的接收系统内。进料预处理一般包括破袋、破碎、除杂（金属、塑料等）、除砂、浆化（干式厌氧无须浆化）、油脂回收等环节。

（2）厌氧消化反应器。经过预处理的有机物料经均质和加热后通过进料泵提升至厌氧反应器进行厌氧消化。厌氧消化产生的沼气进入后续的处理及利用单元，厌氧产生的沼液一部分返混至进料斗内，另一部分进入后续污水处理单元。

（3）生物气系统。生物气体自生物反应器产生后，会先进入沼气预处理系统，去除沼气中的水分和杂质，然后通过化学脱硫系统将其中的硫化氢去除，经初步净化的生物气体会先送到沼气储罐。储罐内的生物气体可用于提纯制取天然气或进入热电联产单元。

（二）工艺路线二：好氧堆肥

1）适用条件

适用于 50t/d 以下小规模餐厨垃圾集中处理项目。

2）工艺路线简介

好氧处理技术是在有氧条件下，借助好氧微生物的作用来进行的。其原理是餐厨垃圾中的可溶性小分子有机物质在透过微生物的细胞壁和细胞膜时被微生物所吸收利用，不溶性的大分子有机物则先附着在微生物体外，由微生物所分泌的胞外酶分解为溶解性物质，再渗入细胞。微生物通过自身的生命活动——氧化、还原和生物合成等过程，把一部分吸收的有机物氧化成简单的无机物，并释放出生物生长活动所需的能量，把另一部分有机物转化为生物体所必需的营养物质，合成新的细胞物质，供微生物繁殖生成更多的新生命体。

3）典型工艺流程

机械分拣→机械脱水→高温堆肥→营养土肥料。

（三）工艺路线三：协同焚烧

1）适用条件

适用于餐厨垃圾产量低于50t/d的小规模处理项目，项目所在地建有生活垃圾焚烧发电项目且具备协同处理能力。

2）工艺路线简介

餐厨垃圾协同生活垃圾焚烧处理是将生活垃圾经过沥水、除杂、破碎、脱水等一系列工艺，将餐厨垃圾进行固液分离。产生的废水通过热处理后进行油水分离并经处理得到毛油产品，此外脱水后的剩余物料与预处理环节分选的固体废弃物进入生活垃圾焚烧炉协同焚烧。餐厨垃圾预处理环节产生的渗滤液送至生活垃圾焚烧项目配套的渗滤液处理站统一处理或独立建设渗滤液处理设施进行处理。

由于固态残渣的量少，与生活垃圾焚烧处理量相比占比较低，因此掺烧了餐厨垃圾的固态残渣后，对于生活垃圾焚烧炉而言，焚烧工况也不会发生大的改变。

3）典型工艺流程

典型工艺流程如图7-8所示。

（四）工艺路线四：餐厨垃圾一体化生物处理技术

1）适用范围

适用于50t/d以下的分散式餐厨垃圾处理，适用于居民小区、企业食堂、农贸市场等厨余垃圾直接产生源头的餐厨垃圾就地处理和资源化。

2）工艺路线简介

餐厨垃圾生化处理一体机集成固液分离、生化处理、油水分离等设备于一体，是基于生物处理和发酵技术的一体化集成装备技术，可满足不同地域、不同场景的多元化解决方案，为有机垃圾处理提供新的方向。

餐厨垃圾一体化处理即将餐厨垃圾破碎后送入发酵系统，在微生物菌和生物酶作用下将餐厨垃圾中的有机质快速转化为肥料。一体化处理设备通常能在24h内实现餐厨垃圾的分解或产品化，处理过程中产生的污水就近排入下水道。

四、排水管渠污泥

城镇排水管渠污泥产量较大，成分复杂，污染物含量高，不收集处理对排水系统的运行

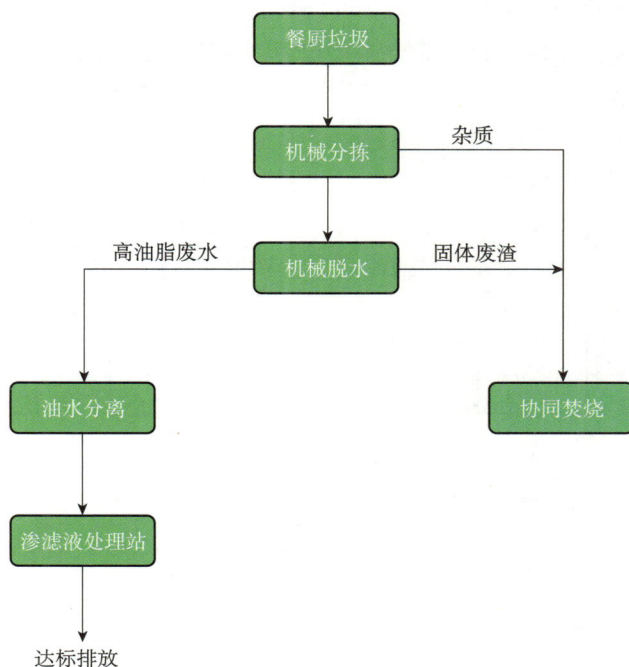

图 7-8　典型工艺流程

效果影响较大，而处理不当将会造成严重的生态环境污染。

排水管渠污泥具有良好的脱水沉降性能。目前，国内排水管渠污泥处理站的工艺类型主要是通过预处理、粗料分离、砂石分离、细料分离、粉砂分离等环节，将排水管渠污泥分离成几类相对单一、稳定的成分。在排水管渠污泥减量化和无害化处理的同时，分离出的砂石等成分可进一步合理有效利用。

排水管渠污泥的常用处理工艺：预处理→多级分离→资源化利用。

1）适用条件

城镇排水管渠污泥处理通常需建设处理站进行处理，排水管渠污泥处理站的服务半径宜小于 10km。

2）工艺路线简介

核心工艺环节为预处理、粗料分离、砂石分离、细料分离和粉砂分离等。

其中，预处理一般采用格栅拦截的方式分离粗大物料，格栅可采用固定式、振动式、回转式等多种结构形式，格栅的栅格大小可根据分离产物的资源化需求进行界定。

粗料分离环节是指采用淘洗、筛分等工艺，分离出 10mm 以上的粗料垃圾，此部分可能包括砖块、石头、树枝、玻璃瓶、铁罐、破布等。

砂石分离环节是指通过旋流、筛分等工艺，分离出 0.2～10mm 的砂石，此部分大部分为 0.2～10mm 的砂、石、小块的鹅卵石、玻璃等成分。

细料分离环节是指通过筛分、浮选等方法，分离出 1～10mm 的轻质物料，此部分可能包含塑料、树枝、布料等成分。

粉砂分离环节是指通过沉淀、浓缩、脱水等工艺，分离出 0.2mm 以下的粉砂成分。

预处理分离的粗大物料和粗料分离得到的粗料垃圾主要采用卫生填埋方式处理；分离得到的砂石、粉砂可用于建筑用材，但需要满足相应的含水率和有机质含量要求，其中，有机质的含量以烧失率计。

3）典型工艺流程

典型工艺流程如图7-9所示。

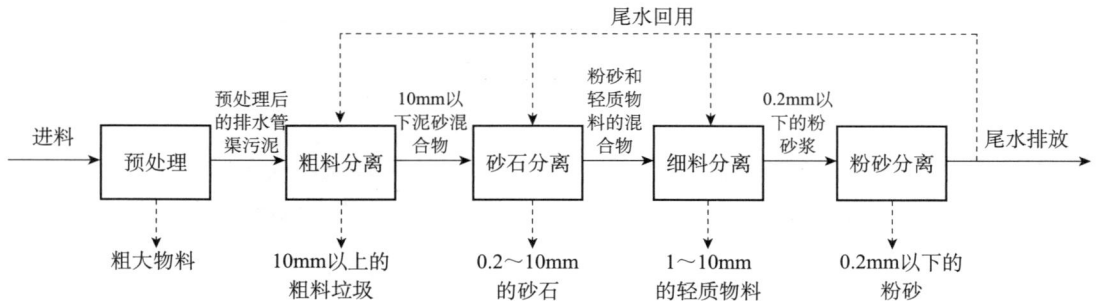

图7-9 典型工艺流程

五、河湖淤泥

河湖淤泥是指河流湖泊中在静水或缓慢的流水环境中沉积，经物理、化学和生物作用形成的未固结的细粒或极细粒土，一般含有建筑、生活、固体危废物等垃圾。

污染底泥的清淤可快速降低黑臭水体的内源污染负荷，减少底泥污染物向水体迁移、释放，修复河湖生态环境。

河湖淤泥的常用处理工艺：预处理→淤泥处理→分类处置。

1）适用条件

适用于河湖淤泥的异位修复，即清淤之后在专门的淤泥处理场对河湖淤泥进行处理处置。

2）工艺路线简介

由于河湖淤泥含大量建筑、生活、固体危废物等垃圾，所以要进行预处理。淤泥预处理指筛分，即根据淤泥处理工艺要求，选择格栅、筛分机械等设备，分离泥浆与垃圾、块石等杂物。

预处理后的污泥进一步进行处理，可选择自然脱水、机械脱水、真空预压、脱水固结一体化和土工管袋等处理方法。通过物理、化学、生物方法，使淤泥中的重金属物质化学活性降低，并达到一定的工程土强度。

根据T/CWEA 7—2019《河湖淤泥处理处置技术导则》，淤泥处置即对处理后的淤泥进行最终消纳，根据污染物控制指标分级分类处置。淤泥处置可采用园林绿化、制砖、施工用土、回填土和填埋等处置方式。Ⅰ类泥体可用于园林绿化用土，Ⅱ类泥体可用于制砖，Ⅲ类泥体可用于市政道路、工业园区和园区厂房、商业和市政用地等的用土，Ⅳ类余土可用于公路、堤防、铁路、机场等的回填土，Ⅴ类泥体单独填埋或卫生填埋处置。

3）典型工艺流程

典型工艺流程如图7-10所示。

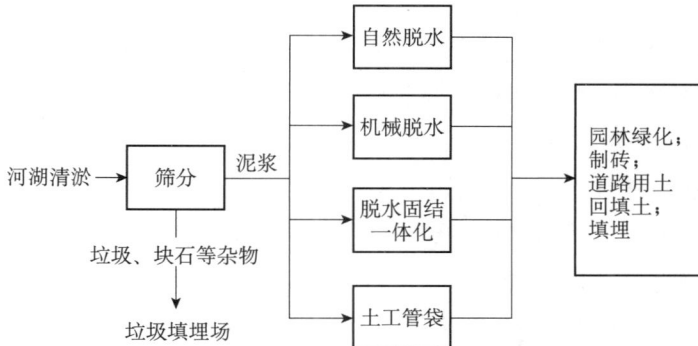

图 7-10 典型工艺流程

六、生活垃圾

垃圾处理的目标是将垃圾减量化、资源化、无害化处理以及低成本化。目前主要有三种方法：卫生填埋、堆肥及焚烧处理。

（一）进场检查和计量＋填埋作业＋填埋气导排和收集及利用＋渗滤液收集及处理

1）适用条件

本工艺路线适用范围广，不受生活垃圾建设规模和城市经济状况等限制，在用地紧张的城市使用受到限制。

根据工程措施是否齐全、环保标准能否满足来判断（主要有场底防渗、分层压实、每天覆盖、填埋气导排、渗滤液处理、虫害防治等），可分为简易填埋场（Ⅳ级）、受控填埋场（Ⅲ级）和卫生填埋场（Ⅰ、Ⅱ级）三个等级。

2）工艺路线简介

生活垃圾进场检查和计量为填埋场的首项工作。垃圾运输车辆离开填埋场前宜冲洗轮胎和底盘。

填埋区作业应采用单元、分层作业，填埋单元作业工序应为卸车、分层摊铺、压实，达到规定高度后应进行覆盖、再压实。本步骤为填埋场主要操作工序。

填埋气导排和收集为填埋场重要的组成单元，填埋气的利用（直接焚烧和发电利用等）为填埋场附属设施。

渗滤液收集和处理为填埋场重要的组成单元。

3）典型工艺流程

典型工艺流程为：进场检查和计量＋卸车、摊平、铺管＋反复压实垃圾（渗滤液收集和处理）＋覆盖黄土＋形成填筑单元（填埋气收集和利用）＋形成分层及最终覆土。

（二）垃圾接收和储存系统＋焚烧炉系统（渣池）＋余热锅炉系统（汽轮发电系统）＋烟气净化系统＋飞灰处理系统

1）适用条件

本工艺路线适用于建设规模 500t/d 以上，经济较发达或发达的城市，在用地紧张的城市采用本工艺路线优于填埋方式。

2）工艺路线简介

生活垃圾采用专用垃圾车运至厂内，厂区入口设置称重计量设施。进入厂内的垃圾车在垃圾吊控制室统一指挥下，将垃圾卸入垃圾池内。垃圾池可贮存焚烧厂约 7d 的垃圾处理量（垃圾池收集渗滤液送至渗滤液处理站处理）。垃圾吊将垃圾送入焚烧炉进行焚烧，产生的热量经余热锅炉回收后，产生过热蒸汽用于汽轮机发电。废气经烟气净化系统脱酸、除尘、去除二噁英等有害物质后排入大气。垃圾焚烧产生的炉渣由汽车送至综合利用场地进行综合利用。飞灰在焚烧厂内进行稳定化处理，处理后的飞灰满足 GB 5085.3—2007《危险废物鉴别标准 浸出毒性鉴别》和 GB 16889—2008《生活垃圾填埋场污染控制标准》的要求后，运输至指定区域填埋。

3）典型工艺流程

垃圾称量和储存 + 机械炉排炉 + 单筒型自然循环式水管锅炉（汽轮发电机组发电）+ 烟气净化系统 + 飞灰处理。

渗滤液处理流程：UASB 厌氧 + MBR（二级 AO + 超滤）+ NF + RO。

烟气净化流程：SNCR（氨水）+ 半干法 [Ca(OH)$_2$] + 干法 [Ca(OH)$_2$] + 活性炭吸附 + 袋式除尘器 + SCR（氨水）。

飞灰处理流程：螯合剂 + 水。

除盐水处理流程（生产用水）：盘式过滤 + 超滤 + 两级反渗透（RO）+ EDI。

地表水处理流程（生产用水）：混凝 + 沉淀 + 过滤（或采用中水）。

（三）前处理 + 发酵 + 后处理 + 脱臭

1）适用条件

本工艺路线不受建设规模和城市经济条件限制，用地允许的条件下都可采用，关键环节是后续肥料的销售和使用。

2）工艺路线简介

前处理设施主要包括：受料、给料、破碎、筛分、混合、输送等机械设备及相关建（构）筑物。

生活垃圾在经过前处理后进入发酵阶段。首先调节 C/N 比和含水率，控制适合的温度、湿度以及循环空气中氧的含量等，经过一次发酵达到无害化、稳定化和减量化。出料后的原料输送到分选设备，进行分选、破碎和均质，大的筛上物进行填埋，小的筛下物输送至熟化区再进行二次发酵。二次发酵即腐熟化后，将肥料再次分选，粗料肥一般用作填埋场覆盖土或园林用土等，细料肥通过颗粒控制和添加其他 N 和 P 等元素后进入流通领域使用。

3）典型工艺流程

破袋筛分一体机 + 板式给料机 + 带磁选皮带运输机 + 槽仓式好氧堆肥（一次发酵）+ 滚筒筛 + 槽仓式好氧堆肥（二次发酵）振动筛 + 造粒机 + 打包装袋机。

第二节　核心技术

一、滚筒好氧发酵技术

（一）技术简介

滚筒好氧发酵技术利用全封闭外旋转式滚筒发酵槽的缓慢移动，将混合物料慢慢地移向出料段，并在此过程中发生物料的混合和充氧，为微生物提供优越的好氧环境，快速发生好氧发酵反应并实现物料升温及促进有机物降解。微生物消耗有机物进行代谢时产生的热量，物料在高温期达到 3～5d 以上即可有效杀灭病原菌、寄生虫卵和杂草种子，蒸发水分，使有机固废转化为稳定的腐殖质，最终实现物料的稳定化、无害化、减量化处理，熟化后产品可用于园林绿化、土壤改良等，最终实现资源化利用。

发酵过程中产生的臭气和水蒸气经过臭气处理设施（生物除臭）处理后达标排放。同时后端供风机为发酵滚筒补充新鲜空气，保证好氧环境；物料经 6d 好氧发酵后出料，出料进行陈化进一步腐熟，陈化完成后，部分物料作为返料使用，其余则作为产品进入深加工或产品利用。

（二）技术优势

（1）滚筒好氧发酵技术通过滚筒转动实现物料、氧气、微生物的充分混合反应，提高传质效率，无外加热源，低能耗。

（2）占地面积小，设备布置灵活，可于污水处理厂内建设，建设周期较短。

（3）机械化自动化程度高，运行及维护简单，劳动强度小。

（4）全密闭环境友好，系统 100% 封闭，废气 100% 全收集处理，臭味可有效脱除。

（5）动态运行，传质效率高，反应速率快，缩短发酵周期。

（6）分区按需智能通风，以最小的风量实现最佳充氧，废气产生量小。

二、污泥与餐厨垃圾协同厌氧消化技术

（一）技术简介

污泥单独厌氧消化，产气率低且稳定化后的污泥有机质含量将不能满足 GB/T 23486—2009《城镇污水处理厂污泥处置　园林绿化用泥质》要求。餐厨垃圾中有机质含量高，具有很好的厌氧消化产甲烷潜能，但餐厨垃圾单独厌氧消化过程中容易发生酸抑制和氨氮抑制现象，同时由于我国饮食习惯偏好重油重盐，餐厨垃圾中油脂和盐分含量较高，高油高盐会对厌氧微生物产生抑制作用，造成消化过程进行缓慢，甚至导致启动运行失败。餐厨垃圾与市政污泥协同处理在均衡二者成分的同时，还能促进产气量的提升，使运行更为稳定。

（二）技术优势

（1）厌氧消化的适宜 C/N 是 10～20，而污水污泥的 C/N 一般为 5～9，餐厨垃圾 C/N 一般为 15～20，二者协同处理可起到均衡成分的效果，促进物料的营养平衡，提高消化池的容积利用效率，获得更高的单位体积进料产气量。

（2）污泥中丰富的微生物种群和较高的碱度也有利于提高厌氧消化系统的处理效率和运

行稳定性。

（3）获得更高的单位体积进料产气量。

三、DANAS干式厌氧发酵技术

（一）技术简介

干式厌氧发酵技术适用于市政、农业、工业等一种或多种固态多组分复杂物料，其核心设备卧式直通式一体化反应器和长轴推流式搅拌器，可实现标准化、模块化设计和建设。单台反应容积可达3100m^3，采用35m超长跨距搅拌轴。厌氧发酵罐停留时间在15~30d，容积产气率能达到2~6 m^3/m^3。

（二）技术优势

（1）预处理要求简单。

（2）容积负荷高，系统能量需求低，容积产气率高。

（3）硫化氢含量低，沼气品质高。

（4）沼液产量少，营养成分高，便于施用。

（5）系统标准化、模块化，占地面积小。

（6）自动化智能控制，可靠性高。

（7）适用于固态多组分复杂物料，沼气品质高，沼液产量少。

四、脱水+干化+自持焚烧技术

（一）技术简介

（1）污泥脱水：污水处理厂的剩余污泥经过浓缩池浓缩，通过剩余污泥泵入沉淀罐沉淀，然后排入调质罐，并加入调质剂，完成调质后，将物料泵入板框压滤机，依次经低压进料、高压进料和隔膜压榨工序后，进入卸泥工序，泥饼（含水率约55%）送入粉碎机进行破碎处理，然后将破碎污泥运至自持焚烧系统处置。

（2）污泥自持焚烧：破碎处理后的污泥首先经过污泥导热油干化机干化，干化后的污泥送入污泥专用焚烧锅炉燃烧，焚烧炉采用流化床形式，炉膛为绝热炉膛，温度保持在850℃；尾部烟道布置多级省煤器和空气预热器，省煤器中导热油吸收焚烧炉膛过来的烟气热量作为干化机热源。焚烧污泥产生的烟气经净化系统处理后排放。袋式除尘器所收集的飞灰经固化处理，然后填埋处置。

（3）污泥导热油干化（能量回收）：污泥导热油干化机内部由不锈钢板焊接制成的中空圆盘叶轮构成，圆盘内部通有导热油，通过圆盘将热量传递至污泥进而蒸发水分。干化机内旋转的搅拌桨叶将污泥向前推进，推进过程中不断翻抛干化。干化机蒸发出的废气经过除尘器和冷凝器处理冷却，冷凝液进入污水处理装置处理，冷却除湿后的气体被引入焚烧炉内燃烧。污泥专用焚烧锅炉炉膛内未布置受热面，炉膛采用高铝质耐磨耐火材料以保证焚烧炉的长期可靠运行。

（二）技术优势

（1）污泥板框脱水可通过药剂和电耗将物料含水率降至60%，相对于采用电厂热能能耗低。污泥从含水率60%干化至含水率40%以内热源采用导热油回收焚烧后烟气的热量。

焚烧过程中产生的多余热烟气以及烘干机产生的多余热量可以加热除盐水,热能回用。

（2）干化污泥由二台螺旋给料机通过投料口送入焚烧炉内,投料口布置在炉膛过渡段的前墙。为避免污泥入炉后在前墙堆积,过渡段前墙污泥加料口处及其下方的炉墙采用垂直布置。污泥入炉后经历加热、干燥、热解、破碎和燃烧等过程。新鲜污泥所占床料重量比小于5%。污泥的灰熔点高于1100℃,流化床床温控制在850～900℃。污泥干化热效率达85%以上,焚烧热效率达80%以上。烟气通过烟气净化系统（该系统采用AEE的Turbosorp烟气净化工艺）达标排放,不产生二次污染。

（3）流化床污泥焚烧炉能较好地适应脱水污泥干化后的组分、水分、热值等在一定范围内的波动。焚烧炉能充分适应干化污泥含水率的变化,在处理能力上具有70%～115%的负荷变化范围。炉内保持不低于50Pa负压,防止烟气外溢。

（4）流化床炉壁具有良好的耐温、隔热功能,外表温度小于60℃,以确保安全和便于检查、维修。耐火材料具有良好的耐磨、耐热性能,并能确保不脱落。

（5）污泥独立焚烧,没有掺烧比限制,烟气处理效率高,能够满足严苛的排放标准。

五、污泥圆盘干化＋耦合焚烧发电技术

（一）技术简介

（1）含水率80%或60%的污泥,通过圆盘干化水分降低至35%左右,烘干后的泥饼进炉排炉或者流化床炉协同处置,实现资源化燃烧。

（2）污泥干化机采用圆盘干化采用100t/d定制,热源可以采用电厂饱和蒸汽或者导热油。圆盘采用不锈钢材质,刮刀分平行羽和推进羽,两种结合,对污泥进行翻抛干化,提高热利用效率。

（3）污泥进料通过称重反馈,蒸汽进料通过流量计显示,根据污泥含水率调整两者的系数。干化机内通过风机控制含氧量,保障干化机安全运行。

（4）干化过程中产生的热烟气通过旋风除尘,冷凝器初步处理,后续使用除臭设备或者进入电厂炉膛焚烧。

（5）干化后的污泥进入热电厂或垃圾电厂进行协同焚烧,资源化利用。

（二）技术优势

（1）圆盘干化可以针对含水率80%或60%的污泥进行干化,适合目前国内处理情况。轴和壳体采用不锈钢材质,热源采用饱和蒸汽或导热油,多点供热除尘器和冷凝器采用流体模拟计算,保证最佳工况,能够高效除尘、高效冷凝。污泥输送采用刮板机,保证烘干后的污泥输送。

（2）圆盘干化在干化含水率80%的污泥时,蒸汽用量在0.9t以内。圆盘干化在干化含水率60%的污泥时,蒸汽用量在0.6t以内。系统热利用效率高。

（3）设备采用DCS控制,参数输入后,现场值守巡检,自动化生产。圆盘干化设备简单,故障率低,便于后期运营维护。

六、淤泥"脱水固结一体化处理"技术

（一）技术简介

淤泥"脱水固结一体化处理"是根据城市河湖淤泥、建筑泥浆含水率高、颗粒极细的特

点，结合采用 FSA 泥沙聚沉剂及 HEC 高强高耐水土体固结剂对淤泥进行调理的工艺要求，专门设计和制造的泥水分离处理系统。可实现淤泥体积的大幅减量，并可根据需要完成对重金属、微生物、细菌等有害物质的钝化、固结或消毒。经过该系统处理的建筑泥浆、河湖淤泥，可分离为尾水和含水率在 40% 以下的泥饼，泥饼可直接装车外运、堆放或进行资源化利用，确保清淤工程、桩基工程的顺利进行。

淤泥"脱水固结一体化处理"技术主要包括除杂系统、脱水固化系统、水处理系统和泥饼资源化系统四个子系统，具体工艺流程如图 7-11 所示。

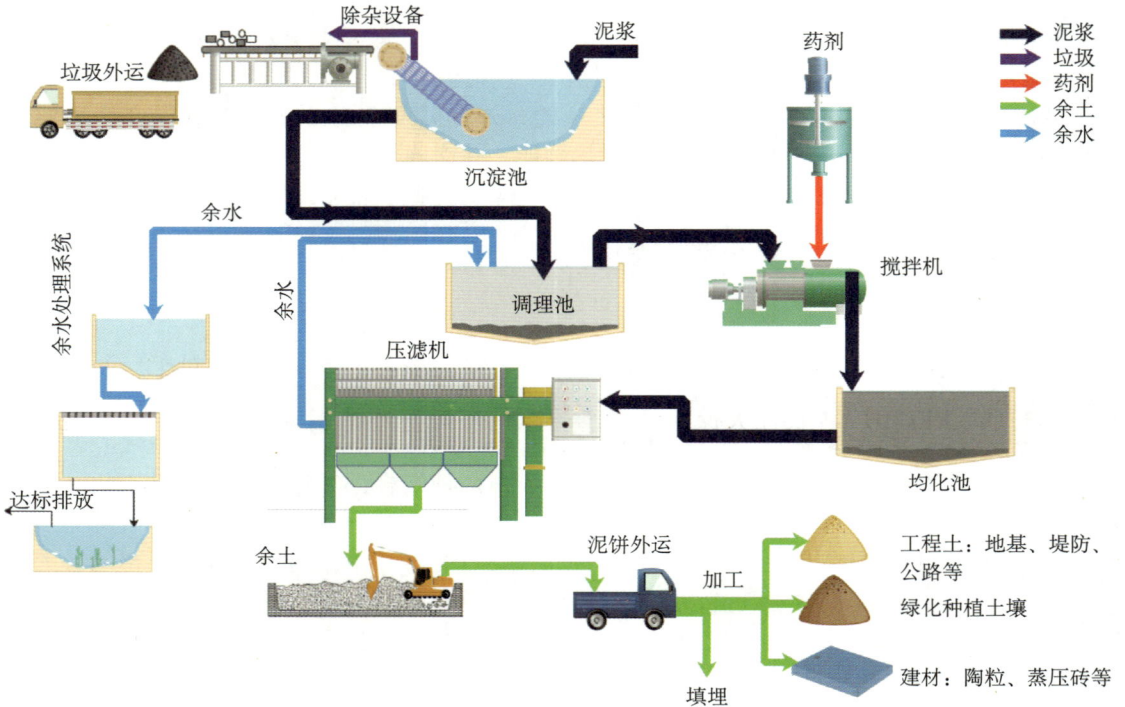

图 7-11　工艺流程

（1）除杂系统：利用水力学和泥沙动力学原理，通过重力分选和浆体通量控制除去泥浆中各项杂物，使得泥浆既保持高脱水性又减少管道堵塞、磨损。

（2）脱水固化系统：对添加材料的配置与控制、紊流驱动反应与均化和浆体通量控制，使材料充分混合并保持泥浆浓度恒定，并完成泥浆的脱水与固化。

（3）水处理系统：压滤水进入泥浆调节池，调节池上清液流入中和池进行 pH 调节，经水处理系统处理后达标排放。

（4）泥饼资源化系统：泥饼利用已经形成了研发成果，脱水后泥饼可以用作工程土、绿植土、新型墙体材料等资源化利用产品。

（二）技术优势

（1）该技术通过对河湖淤泥、工程泥浆、市政污泥等高含水废弃物进行浆体分选、浓缩聚沉、调理调质，同步快速实现机械脱水及化学固化，余水达标排放，达成减量化、无害化、稳定化的目标，最终实现资源化利用。

（2）固化处理中心的环保技术装备系统采用模块化设计，占地面积小，移动方便，能够快速组装，可复制性强。大体量的特点体现在与采用绞吸船疏浚工艺的对接与匹配，能够对大中型河湖疏浚产生的大体量淤泥进行即时处理、大幅减量。目前，根据绞吸设备的不同，涉及的绞吸船淤泥疏浚流量约为 $200\sim1000m^3/h$，根据单台压滤设备处理能力配置设备台套，使得淤泥疏浚与淤泥脱水固化处理流量匹配，解决传统处理方式产能不匹配的问题。

（3）高效能的特点体现在自主集成的定制设备系统处理效率。工厂化固化处理中心的定制设备系统主要为板框压滤机，约 1h 能够完成脱水固结过程单循环周期，可将河湖淤泥含水率降至 40% 以下，相对水下方体积减量 60% 以上，相对疏浚泥浆方体积减量 90% 以上，脱水泥饼遇水不泥化、抗压强度高、运输不漏撒，有效减少二次污染，环境效益突出。此外，该模式不受施工天气等限制性因素影响，可实现 24h 流水作业，板框压滤机每天循环周期达到 $20\sim25$ 次，效率有较大幅度的提高。

第三节　技术支撑体系建设

一、标准化文件

（1）Q/YEEC 013《城镇水质净化厂污泥处理处置技术导则》。

（2）Q/YEEC 017《长江大保护城镇水质净化厂运行维护规程 第 4 部分：污泥处理系统》。

（3）《长江大保护底泥处理处置技术方案建议》。

二、专利

主要固废处理处置技术专利见表 7-1。

表 7-1　固废处理处置技术专利

序号	专利名称	授权号/登记号	知识产权类型	备注
1	分段式污泥干化装置	CN215250361U	实用新型	已授权
2	一种用于污泥脱水板框压滤机的自动卸泥饼装置	CN211847664U	实用新型	已授权

三、科研项目

（1）2020 年国家重点研发计划"固废资源化"重点专项"长江经济带典型城市多源污泥协同处置集成示范"典型城市多源污泥协同处置集成示范与全过程管控平台开发应用。

（2）2020 年国家重点研发计划"固废资源化"重点专项"长江经济带典型城市多源污泥协同处置集成示范"典型城市多源污泥处理处置基础信息调研。

（3）2020 年国家重点研发计划"固废资源化"重点专项"长江经济带典型城市多源污泥协同处置集成示范"多源污泥发酵产物高标准多途径土地利用技术示范及后评估。

（4）2020 年国家重点研发计划"固废资源化"重点专项"长江经济带典型城市多源污泥协同处置集成示范"多源污泥高效焚烧及污染物协同减排技术。

（5）基于倒置法的九江污泥处理处置及资源化利用工艺研究。

（6）沿江城市固体废物产量及处理模式研究。

（7）基于化学链燃烧技术的生活垃圾处理关键技术研发及中试示范。

第四节 典型案例

一、重庆市石柱县污泥处理厂建设项目

（一）现状情况

石柱县目前污水处理总规模为 6.78 万 t/d，包含城区污水处理厂、西陀、黄水、沿溪以及 29 个乡镇。按照行业产泥率 5‰ ~ 8‰，污水产泥量取平均值 6.5t/（万 m³）标准计算，石柱县总共日产污泥约 45t。随着石柱县污水处理管网的日益完善，乡镇污泥收集体系的建立，甚至考虑到石柱县为旅游避暑大县，夏天人口暴增，污水量暴增，污泥量达到日产 50t。

石柱县目前产生的生活污泥是由专用污泥运输车辆运输到丰都县，委托丰都县甘泰环保公司堆肥厂进行处理，采用的工艺为好氧堆肥。经现场调研，此工艺占地面积大，且臭味较大，厂区卫生条件、处理效果一般，不符合污泥减量化、资源化处置要求。此外，据了解，目前丰都县已逐渐开始拒绝接受石柱县污泥，污泥出路面临问题。

（二）技术方案

处理原料：市政污泥。

项目规模：50t/d。

技术路线：高干脱水 + 干化 + 炭化资源化，工艺流程如图 7 – 12 所示。

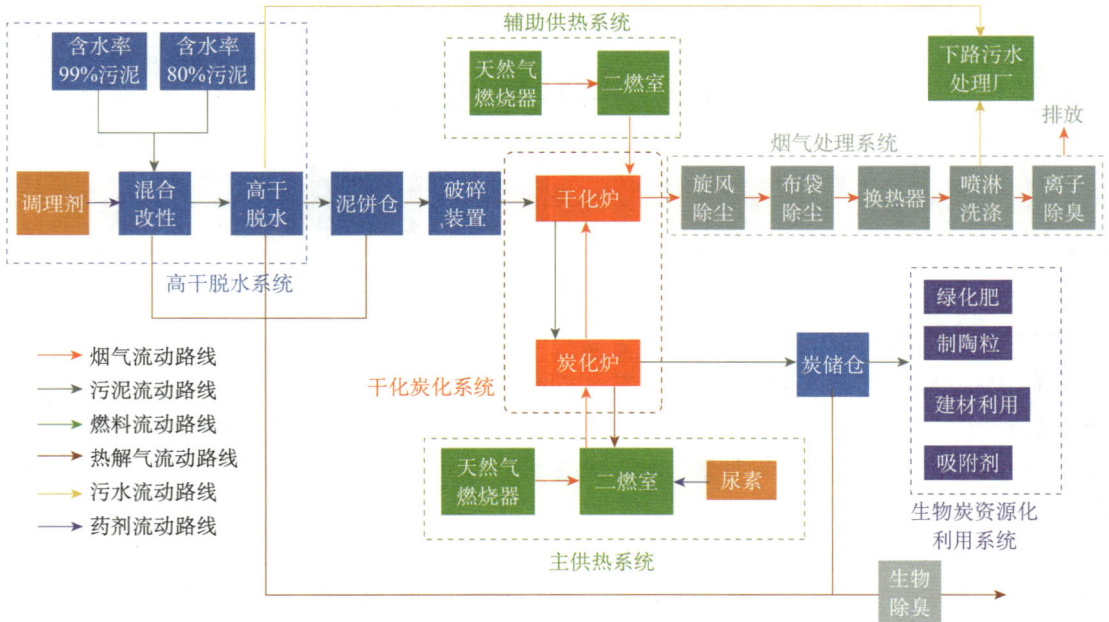

图 7 – 12 石柱县污泥处理厂工艺流程

产品资源化方向：结合城建公司的"绿色园林示范基地"项目作为园林绿化土处置。

项目占地：18 910.34 m²。

项目投资：石柱县污泥处理厂建设项目为石柱县水环境综合治理 PPP 项目的一个子项，其建设工程费用为 4051.27 万元。

二、宜昌市生活垃圾焚烧发电项目

（一）现状情况

宜昌市生活垃圾现行的收运模式是混合收集，中心城区全部生活垃圾被运至生活垃圾处理场进行卫生填埋处理，现有垃圾填埋场库容已接近饱和。

近年来，随着宜昌市经济高速发展、城市化进程的加快，人民生活水平的不断提高，生活垃圾产生量呈现不断增长趋势，生活垃圾污染问题日益凸显，生活垃圾问题已成为日趋严峻和亟待解决的民生问题。据宜昌市相关部门统计资料显示，2019 年宜昌市区生活垃圾总量约 43.60 万 t（日均约 1200t），且在不断增加，仅靠填埋已不能满足城市生活垃圾处理的需求。市政府将面临重新寻找新地块用来处理生活垃圾的选择，在土地资源紧缺的当今社会，仍然采用卫生填埋的方式处理生活垃圾显然是不符合发展需要的。给生活垃圾寻找新出路，缓解垃圾围城的危机已迫在眉睫，实现生活垃圾的减量化、无害化、资源化已成为城市发展的必然要求。

采用生活垃圾焚烧发电处理工艺，实现生活垃圾的资源化利用，可以有效改善宜昌市的环境卫生状况，缓解日益增长的生活垃圾给城市环卫处理设施的处理压力，并进行现有存量垃圾的资源化处理，充分实现生活垃圾的"无害化、减量化和资源化"。本项目建成后将服务整个宜昌市区及周边乡镇，对实现宜昌市的可持续发展，解决宜昌市垃圾处理问题具有重要意义。

目前宜昌市以填埋作为生活垃圾处理主要工艺，面临处理能力不足、处理工艺落后、处理成本高、环境风险高等诸多问题，面对不断叠加的风险和压力，迫切需要通过新理念、新技术构建宜昌市垃圾处理新体系。

（二）技术方案

处理原料：生活垃圾。

项目规模：总处理规模为 2250t/d，一期处理规模为 1500t/d，二期为 750t/d。

技术路线：①主体工艺：生活垃圾机械炉排炉焚烧；②烟气净化："SNCR + 半干法 [Ca（OH）$_2$溶液] + 干法（消石灰，备用）+ 活性炭吸附 + 袋式除尘"；③飞灰炉渣填埋处理或综合利用。

项目占地：133 797 m²。

项目投资：总投资 105 982.66 万元，其中工程费用 80 952.93 万元。

项目效果图如图 7 – 13 所示。

三、灌云县畜禽粪污资源化处理与利用项目

（一）现状情况

随着我国城市化进程的加快和人民生活水平的提高，餐厨垃圾已经成为城市生活垃圾的

图 7-13　项目效果图

重要组成部分，其产量也呈现逐年上升的趋势。餐厨垃圾目前在很多城市尚未进行规范化管理，最主要的危害是城市餐饮企业的垃圾多被养殖户收集，作为养殖饲料直接使用，未经任何处理进入人类食物链；同时地沟油被收集起来重新炼制成为廉价食用油，在市场上再次流通，危害人民群众的身体健康。城市垃圾的处置方法通常有焚烧和填埋，由于城市垃圾的含水率常常高达 80%~90%，发热量为 2100~3100kJ/kg，和其他垃圾一起进行焚烧，不但不能满足垃圾焚烧发电的发热量要求，反而会致使焚烧炉燃烧不充分而产生二噁英；如果对垃圾进行填埋，同样会因为混入的餐厨垃圾水分含量高而不宜处理，且占用大量土地，产生的垃圾渗滤液和填埋气体处理需要耗费大量的人力、物力。因此餐厨垃圾由于其自身的特点，不适合传统的垃圾处理方法，餐厨垃圾处理向无害化、减量化、资源化发展迫在眉睫。目前灌云县域内畜禽粪污处理多为户用沼气池或便堆场，设施设备简陋，环境卫生条件恶劣。由于运营不专业，导致很多沼气池无法正常运行，存在很多潜在隐患。灌云县域内每年产生的餐厨垃圾 0.72 万~1.8 万 t 需协同处理。

（二）技术方案

处理原料：畜禽粪污（含水率 80%）+ 餐厨垃圾。

项目规模：畜禽粪污 30 万 t/年 + 餐厨垃圾 1.8 万 t/年。

技术路线：预处理 + 干式厌氧发酵 + 沼渣滚筒好氧发酵 + 有机肥深加工、沼气供热 + 提纯天然气、沼液还田。

产品资源化方向：①成品有机肥 0.34 万 t/年，有机肥品质符合 NY/T 525—2021《有机肥料》技术指标要求；②有机肥原料（沼渣）3.99 万 t；③提纯天然气 876 万 m³/年；④沼液还田。

项目占地：42 067m²。

项目投资：27 537.37 万元，其中工程费用 24 193.58 万元。

项目建成后效果如图 7 - 14 所示。

图 7 - 14　工程鸟瞰效果图

四、九江市城镇污泥和餐厨垃圾处理处置工程

（一）现状情况

2017 年九江市中心城区常住人口 101.4 万人，每天产生的餐饮垃圾量超过 101t，随着中心城区常住人口的逐渐增长，餐饮垃圾产生量呈现逐年上升的态势。现阶段，九江市生活垃圾没有进行分类收集和处理，餐厨垃圾与其他生活垃圾混丢现象很严重，这不仅造成了可回收和可利用资源的浪费，同时也给生活垃圾收运与处理处置造成了难度。

九江市中心城区的污泥主要交由协议企业用于制砖，技术路线简单，处置方式单一。当下游制砖厂不再接收城市污泥时，污泥的出路就会受到直接影响，目前应急措施为填埋处置。填埋处置不具有可持续性，一方面九江市生活垃圾填埋场接近满容量，另一方面，填埋的处置方式脱离了城市污泥减量化、资源化的处置路线方向，造成资源浪费。另外，污水处理厂产生的污泥含水率较高、量较大，填埋场主观上不愿意接收，曾出现过企业违规倾倒污泥的事件，带来一系列问题和环保隐患。

（二）技术方案

处理原料：市政污泥（80% 含水率）＋餐饮垃圾＋厨余垃圾。

项目规模：市政污泥 150t/d＋餐饮垃圾 150t/d＋厨余垃圾 50t/d。

技术路线：预处理＋中温厌氧发酵＋有机肥深加工、沼气热电联产。

沼液处理工艺路线：混凝沉淀＋气浮＋氨汽提＋两级 AO＋MBR。

沼渣处理工艺路线：离心脱水＋低温干化。

产品资源化方向：沼气热电联产（16 121m³/d）＋沼渣土地利用（19.7t/d）＋毛油外售（3t/d）。

项目占地：57 447.6 m²。

项目投资：总投资 29 637.66 万元。其中工程费用 23 143.58 万元。

技术方案概述：新建污泥和餐厨垃圾处理中心，市政污泥、餐饮垃圾和厨余垃圾经分类收集后进入对应的接收料斗和预处理设备，预处理后的物料经完全混合后进入中温（35℃±2℃）厌氧消化反应器（CSTR），厌氧沼渣经离心脱水和低温干化至 40% 含水率后由第三方企业在场外进行土地利用。厌氧沼液经混凝沉淀＋气浮＋氨汽提＋两级 AO＋MBR 处理达到 GB/T 31962—2015《污水排入城市下水道水质标准》中 B 级排放标准后排至市政管网。

项目效果图如图 7-15 所示。

图 7-15 项目鸟瞰效果图

五、芜湖市城东通沟污泥处理站建设项目

（一）现状情况

随着芜湖市城区污水系统提质增效项目的开展，大批现状污水管道开始进行管道检测工作。由于芜湖当地没有污泥处理厂，因此管道检测中清理出的通沟污泥没有得到妥善处理。因此芜湖市急需建设自己的通沟污泥处理设施，对排水管道养护所产生的污泥进行无害化、资源化、减量化处理。

近年来随着芜湖市人口和建设面积的增加，必然导致污泥数量的加速增加。污泥是一种由有机物、细菌菌体、病原体、无机颗粒、胶体、重金属等组成的非均质体，如处置不当将对周围人民的身体健康造成危害，对周围环境造成二次污染，导致污泥处理作用前功尽弃，城市管网污泥处理的环境效益和社会效益将大打折扣。因此对城市管网产生的污泥进行综合治理、最大限度地降低城市污泥造成的二次污染是十分必要的。

（二）技术方案

处理原料：通沟污泥。

项目规模：60t/d（含水率为70%～80%）。

技术路线：预处理＋回收利用联合处理，工艺流程如图 7－16 所示。

项目占地：通沟污泥处理站约 600 m²，污泥堆场约 20 000m²。

项目投资：总投资 2994.04 万元，其中工程费用为 2511.81 万元。

出渣及污水排放：本项目将产生约 1224t/d 的污水，主要污染物源自污水管道，其浓度分别为 COD_{Cr} 100～300mg/L、BOD_5 560～150mg/L、SS 200～350mg/L、氨氮 5～10mg/L，满足 GB 8978—1996《污水综合排放标准》中规定的三级标准。因此本项目将产生的剩余污水排入市政污水管网，进入污水处理厂进行集中处理。

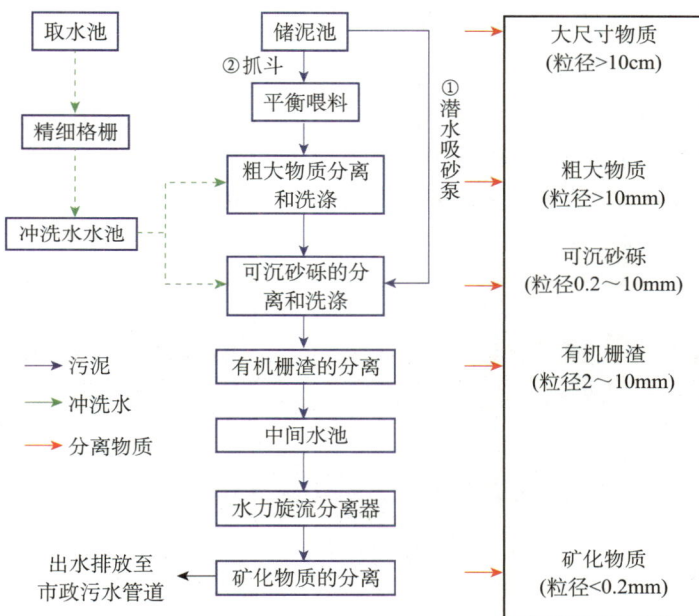

图 7－16 工艺流程

第八章　智慧水务

第一节　技术路线

智慧水务作为践行"三峡城市智慧水管家"的重要载体，从问题诊断、监测监控到辅助建设运维均可提供智慧化支持，打造城市级水务"全要素、全周期、一体化、一站式"智慧城市水业全托管服务模式，创新与探索智慧治水管水新机制，让城市水系统"建–管–服"更智慧，让智慧治水服务智慧城市运营。智慧水务系统总体架构如图 8–1 所示。

智慧管控层	城市级管控平台			流域级管控平台	
	智慧管控一张图				
	数字化管网管理平台	污泥处置智慧管控平台	少人无人值守监管平台	流域调度一体化指挥平台	产业生态平台
	城市智慧水管理平台	农村智慧水管理平台	厂站网河一体化调度平台	水环境智能评估分析平台	可视化全景展示平台

服务支撑层			
地图服务	BIM服务		数据资源管理服务
物联网服务	多媒体服务	安全认证服务	涉水模型服务

数据资源层	业务数据库				
	数字化管理主题库	污泥处置主题库	少人无人值守主题库	城市智慧水管理主题库	农村智慧水管理主题库
	厂站网河调度主题库	流域一体化调度主题库	水环境智能评估主题库	产生态主题库	可视化全景主题库

	基础数据库				监测数据库		其他数据库
	涉水管理	基础设施	地表水类	产业类	水质水量	气象信息	资源管理库
	规划设计	地理空间	用地类型	其他	设施工况	污泥监测	共享交换库

图 8–1　智慧水务系统总体架构

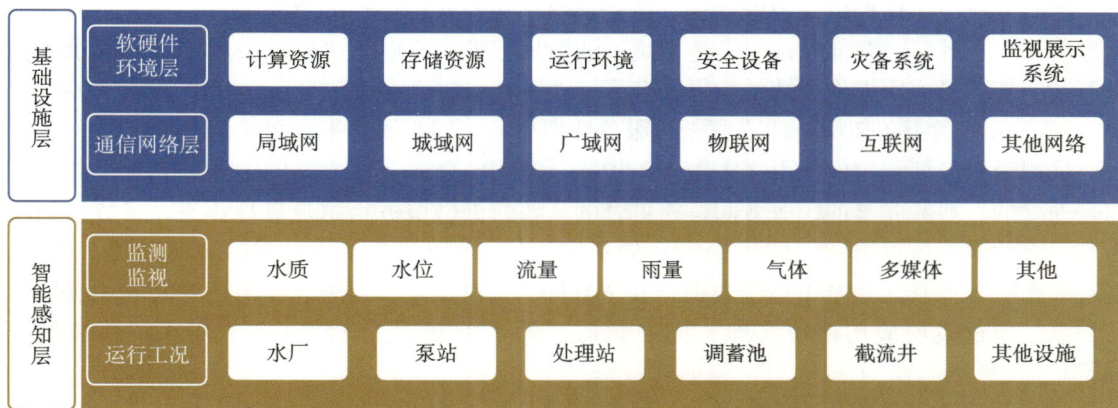

基础设施层	软硬件环境层	计算资源	存储资源	运行环境	安全设备	灾备系统	监视展示系统
	通信网络层	局域网	城域网	广域网	物联网	互联网	其他网络
智能感知层	监测监视	水质	水位	流量	雨量	气体	多媒体	其他
	运行工况	水厂	泵站	处理站	调蓄池	截流井	其他设施

图 8-1 智慧水务系统总体架构（续）

长江大保护智慧水务以涉水设施数字化为基础，以厂网一体化智慧决策和管理为目标，集成 GIS + BIM、物联网、数值模拟、大数据分析、AI 智能等技术，采用微服务、技术中台开发架构，实现资产管理、运行监测、运维管理、决策支持、综合调度、安全管理、应急管理、报表管理、绩效考核、移动应用、大屏展示等核心功能，最终打造一个规范化、精细化、智慧化的厂站网一体化运维管理平台，赋能城市水管家业务。

第二节　核心技术

（1）基于 GIS + BIM 轻量化技术，构建水务设施数字孪生模型，实现设施资产全可视。

构建污水管网二维与三维 GIS 模型以及污水处理厂与泵站轻量化建筑信息模型（BIM），并将设施设备属性数据、在线监测数据、运行状态数据、业务管理数据等进行有机关联与可视化展现，实现污水处理厂、泵站及管网各类数据的二/三维 GIS + BIM 融合数字化管理，消除信息孤岛，使水务设施资产一图可视、可查、可更新。

（2）应用物联网技术，构建污水系统感知监测网络，实现运行状态全监控。

深入应用物联网技术，通过固定站点与移动监测相结合的方式，建立了涵盖网、站、厂的城市排水系统动态物联感知网，构建了水务业务感知数据标准化接口与设备基础管理功能，具备高效通信、数据采集、设备控制及实时交互、快速部署能力，支持多样化设备接入，为新建水情、工情、水质和安全监测等传感设备提供了快捷接入服务，基于实时在线监测监控数据精准识别水务系统问题，高效生成报警事件。

（3）应用数值模拟技术，构建污水管网水力水质机理模型，实现溯源调度全智能。

将管网水力与水质模型和实时监测数据分析融合，对管网传输过程的运行态势、水质状况进行动态模拟与分析，实现对污水管网系统的运行状态评估、风险识别、溯源诊断及优化调度分析。后续逐步建立污水处理厂工艺模型，最终实现厂内工艺的智能分析与药耗能耗的精准控制。

（4）采用大数据技术，构建数据分析与应用体系，实现数据价值深挖掘。

通过数据资源整合和共享，对水务业务各类数据进行梳理，形成数据资源目录体系，进行持久化数据选型、明确数据存储格式和数据分布策略，形成多维数据驱动的水务大数据中心，为水务业务运作提供高效的数据支撑。结合水务业务特点建立数据分析算法，对海量数据进行采集、计算、存储、加工，建立统一的数据标准，实现统一数据服务接口，为水务各类复杂业务场景应用提供便捷的数据服务。

（5）采用微服务架构，建立原子级服务数据单元，实现水务平台可扩展。

采用微服务架构，内部由多个微服务构成，不同的微服务面向不同的业务，每个微服务均是独立的、业务完整的，服务间是松耦合的。各数据微服务均结合自身业务，将数据切割为原子级的业务数据单元（即数据中心的资源），提供资源最基本的 CRUD（创建、读取、更新和删除）操作。系统中运维数据、安全数据、应急信息、监测数据等相互之间在底层建立关系，通过表层应用模块实现"同一数据"的多重利用，支持业务应用系统快速集成部署。

（6）建管宝＋管线宝实现建设、运维全过程管控，实现涉水资产全数字化及质量管控。

建设管网建设在线感知管理平台"三峡建管宝"，实现管网建设过程的信息采集和动态监管，为质量终身负责制提供依据。利用 GIS＋BIM 技术，实现设计、施工、建设管网数据全可视。通过"两码一扫"，即通过平台生成部件码与材料码，实现管网建设过程中的信息采集和动态监管。

第三节　技术支撑体系建设

一、标准化文件

（1）Q/CTG 323、Q/YEEC 003《长江大保护智慧水务数据库表结构及标识符》。
（2）Q/CTG 336《长江大保护智慧水务监测技术规范》。
（3）Q/CTG 337《长江大保护智慧水务监测数据采集技术规范》。
（4）Q/YEEC 007《长江大保护管网数字化管理系统使用指南》。
（5）Q/YEEC 012《数字水务运营支撑平台使用指南》。
（6）《长江大保护智慧水务标准体系》（2020 年版）。

二、专利

主要智慧水务技术专利详见表 8－1。

表 8－1　智慧水务相关专利

序号	专利名称	授权号/登记号	知识产权类型	备注
1	用于水电站的便携式管道流量检测仪	CN215598470U	实用新型	已授权
2	一种适用于市政排水管网水量传感器的安装装置	CN216640795U	实用新型	已授权
3	一种水环境监测用水样多层采样装置	CN216433640U	实用新型	已授权
4	一种肩并肩的传感器校准支架	CN215263586U	实用新型	已授权
5	城市雨水情信息数据整编系统	2021SR1895911	计算机软件	已授权
6	质慧通软件	2021SR1472017	计算机软件	已授权

三、科研项目

（1）长江大保护项目管网数据管理及数据库建设。

（2）"山－城－河－湖－江"城市水系统综合模拟与评估。

（3）城镇污水处理厂复合型污水特征污染物识别与溯源预警系统研究示范。

（4）智慧水务数据治理体系及数据业务化应用研究。

（5）存量排水管网三维激光建模技术研究与示范应用。

（6）芜湖市排水系统智慧运行管理平台一期工程示范。

（7）农村污水资源化设施的决策信息化系统研究。

第四节　典型案例

一、九江水系统提质增效管控平台

（一）技术路线

九江市智慧水务工程通过有效整合城市排水业务、运营人员、资产设施、工作流程、监测数据、计算模型等多元数据，融合信息化、自动化、智慧化、新基建等相关前沿技术元素，通过建立水务设施全入库、监测感知全天候、预警预报全识别、运行隐患全诊断、业务管理全覆盖的智慧水务管控体系，在满足厂站网河一体化运营的同时，为政府主管部门内涝防汛调度指挥以及黑臭水体监管提供管理抓手，具体技术路线如图 8－2 所示。

（二）主要建设内容

1）建库：涉水数据资源建设

以排水户、排水片区、厂网站河设施为核心，以统一的标准建立各类基础数据、专业数据及地理数据库，对九江中心城区 $80km^2$ 的涉水资产进行数字化建库。通过 BIM＋GIS 建立重点厂、站、网可视化模型，实现水务设施全可视，实现污水处理厂、泵站及管网数据的二/三维融合的数字化展示，使水务设施资产一图可视、可查、可更新。

2）建网：水务智能感知建设

根据城区实际情况，结合现有监测站点，进行相关监测数据类型的站点布设。主要包括流域干支流、湖泊、管网的水位、水量、水质等情况进行监测，对降水情况进行掌握，对城区范围内易涝点进行掌握，对关键河段、区域和地段进行视频监视，对关键涉水建筑物进行远程监控等。

3）建模：预警调度模型建设

对九江中心城区五大片区（芳兰、白水湖、长江排口、两河、两湖）排水系统建设多元耦合城市内涝水淹模型和水动力水质耦合模型，通过模型运算对城区内涝和内河水质变化进行预警预报。支撑实现厂站网系统运行态势实时评估、预测预报以及优化调度等功能，有效进行污染溯源、内涝预防、溢流控制、平稳输水、节能降耗等调度方案制定，从全局角度驱

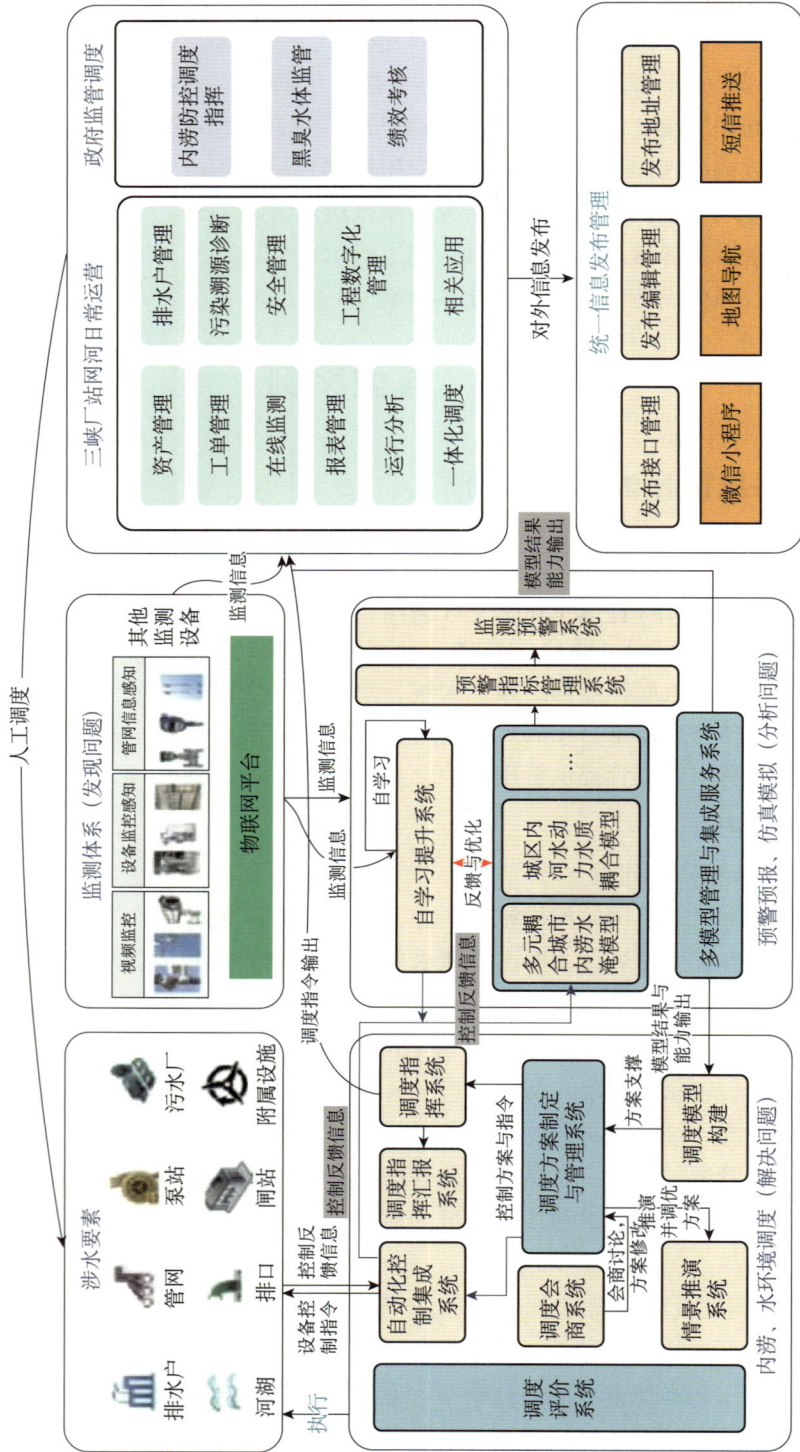

图 8 - 2　总体技术路线

动厂站网排水系统良好运行，从而有效保证污水进厂水质浓度达标、污水处理出厂水质达标，减少内涝及溢流等现象。

4）建平台：运营、监管调度平台建设

从业务运营层面建立工程数字化、资产管理、工单管理、在线监测、一体化调度、运营分析、绩效考核等软件应用功能，为业务监管提供基础；同时从业务监管层面建立黑臭水体监管、内涝预警调度、排水系统运行监管以及城市水环境绩效监管等应用。通过天地一体化的监测体系发现问题，并通过建设的内涝水淹模型、水质水动力模型进行计算与模拟仿真，得出调度的方案，同时对于各类方案可以进行会商讨论得出最优方案，通过最优方案向各类水系要素发送控制指令进行远程控制，对于不具备远程控制的水系要素则通过人工电话、系统内消息等方式进行就地控制。

（三）建设成效

九江水系统提质增效管控平台为三峡集团首个自主开发的面向城市排水运营与监管的智慧水务管控系统，一期工程已于2020年12月正式上线，负责中心城区80km²范围的厂站网河资产设施的统一运营，其中在鹤问湖污水处理厂接入了464个污水处理厂中控SCADA运行指标，梳理了122个核心设备资产，6张工艺监控画面。该系统拥有包含普查、设计、施工、运营以及政府部门在内的12家单位、276名用户，能够带来切实的环境、经济和社会效益，在巩固黑臭水体治理效果的同时，通过优化运行调度降低九江内涝积水安全风险，提升九江城市排水综合运营调度水平。

二、芜湖排水系统智慧运行管理平台

（一）技术路线

芜湖排水系统智慧运行管理平台工程是整合物联网技术、BIM技术、GIS地理信息技术、数值模拟技术以及大数据分析等先进技术，实现管网实时监测数据和厂站运行监测监控数据汇聚管理，将业务管理流程数字化，巡检养护等运维工作流程在线化，通过建模分析做出相应的辅助决策建议，实现排水业务全过程智慧化动态管理。

平台建设思路采取总体规划、分层建设、分步实施、并行推进的策略，将建设任务分层次、分阶段、分轻重缓急实施建设。其中一期工程实现"定标准、搭框架、集数据，助力厂站网运维"，二期工程实现"全覆盖、深应用、展智慧，实现全业务管理"。

（二）主要建设内容

1）感知监测体系建设

建成一套性能稳定、操作方便、功能完善、切合实际、覆盖全片区的污水系统感知监测系统，实现对片区重点排水户、污水系统关键节点等从"源头—关键节点—终端"全过程进行实时在线监测，动态掌握污水系统水质、水位、流量数据，为污水冒溢预警、外水入流入渗、污水高水位运行分析等提供数据支撑，实现对芜湖提质增效工程效果的精准评估。

其中城南污水系统试点片区的感知监测建设内容包括：雨量计2套、液位计107个、流量监测 25 处（其中临测 10 处）、水质监测 16 处（其中临测 10 处）、智能井盖传感器监测 30 处。

管网监测数据、污水处理厂与泵站运行控制数据等均通过物联网平台进行汇集、清洗和集中管理。目前，已建感知监测设备数据已经通过物联网平台接入本项目平台，正在积累运行监测数据，为大数据分析、数值模型等功能的进一步实现做准备。

2）数值模型建设

在一期工程中，基于城南污水系统片区存量污水管网排查数据与新建污水管网设计数据，以及现有污水处理厂、泵站运行数据，构建污水基础数值模型。后续利用管网竣工验收数据等进行基础模型的修正。利用现有污水处理厂监测数据及其他监测数据，对数值模型进行初步的率定验证，后期感知监测系统建立之后，对模型进行进一步的率定验证。

在一期工程建设中，利用管网数值模型，实现现状工程下的污水系统运行状态模拟、工程改造效果评估、污水系统运行风险评估、污水系统调度优化分析等功能，基于管网 GIS 系统，对数值模拟结果进行可视化动态展示。

3）二三维 GIS 与 BIM 系统建设

二三维 GIS 平台基于 Web 框架搭建，提供了一个直观、操作简单的业务平台。通过接入水务设施监控数据、在线监测感知数据以实时感知排水管理的各项设施状态，结合地理大数据、空间信息技术，采用地图可视化的方式有机整合排水业务数据，形成"排水一张网"，可将海量排水信息进行及时分析处理，生成相应的处理结果辅助决策建议，以更加精细化的方式管理水务系统的整个生产、管理和服务流程，并实现污水治理工程规划建设的可视化。

二三维 GIS 平台架构包括感知层、公共基础设施层、应用支撑平台层、数据支撑层、智慧应用层和多渠道展示，并且建设网络和信息安全体系、质量管理体系和标准管理体系。

在一期工程中，搭建城南污水处理厂与 4 座污水泵站 BIM 模型，采用 Revit2019 建模，模型整体精度为 LOD350。资料不完整部分采用现场三维激光扫描点云模型收集数据后建模。BIM 构件编码根据运维平台需求对各阶段模型进行编制。平台采用专业的可视化编辑器 HT 进行 BIM 轻量化展示。

4）业务应用系统建设

芜湖排水系统智慧运行管理平台一期工程业务应用系统包括了网页端、移动 APP、微信小程序及大屏端。

网页端包括排水一张图、BIM 应用、资产管理、运行监测、运维管理、综合调度、决策支持、报表管理、绩效考核、安全管理、应急管理、系统管理、公共服务 13 大模块。网页端系统登录界面如图 8-3 所示。

移动 APP 主要面向外业人员，同时方便管理人员进行信息查询，功能模块包括地图服务、任务管理、在线监测、报警管理、值班管理、巡视检查、工单管理、缺陷管理、运行记录、事件上报、化验日报、安全检查、统计分析等。移动 APP 界面如图 8-4 所示。

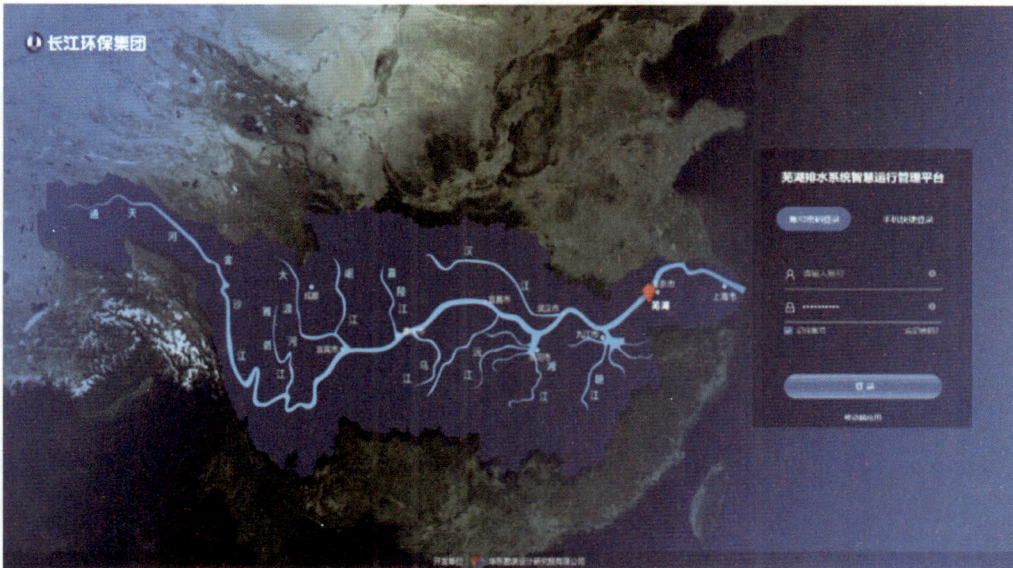

图8-3 网页端系统登录界面

图8-4 移动APP界面

微信小程序主要面对社会公众，包括排水申请、报修申请、进度追踪、通知公告、治水宣传5大功能。

一方面，大屏展示子系统作为对外综合展示的窗口，用于展示建设方排水业务智慧化管理的总体情况、发展历程、运维成效、取得成绩等；另一方面，大屏展示子系统也作为分析决策的应用系统，集成了 GIS 一张图、统计指标、模型模拟结果、大数据分析结果、BIM 等信息，实现排水要素一图全感知，为科学决策提供支撑。大屏展示界面如图 8 - 5 所示。

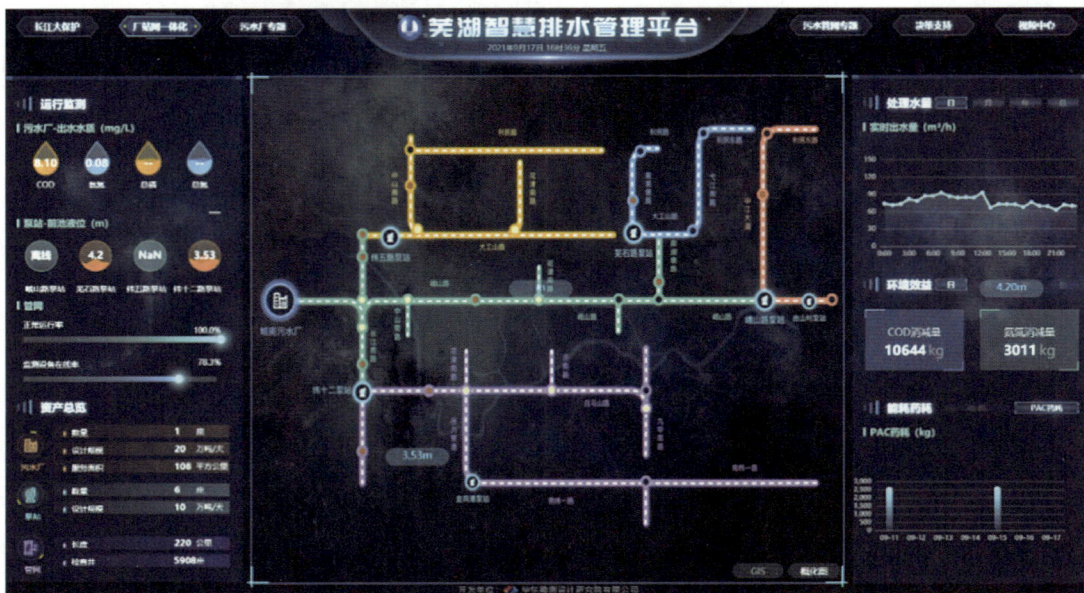

图 8 - 5　大屏展示界面

（三）建设成效

1）环境效益

平台运行后，实现了对管网和厂站的实时监测监控，第一时间发现潜在的污水冒溢风险和污水处理厂出水水质超标风险，及时采取措施防止污水冒溢与超标排放，赋能水环境治理。此外，依托智慧水务系统，进一步优化"厂网河湖岸一体""泥水并重"等治水模式，确保城镇污水全收集、收集全处理、处理全达标，让城市水环境质量日益改善。

2）经济效益

平台目前正在积累厂站运行监测数据，通过大数据手段初步分析了污水处理厂能耗、药耗的影响因子，今后随着数据的积累，将为污水处理厂能耗药耗控制、管网精准清疏养护等提供支持，节约厂站网运维成本。

3）管理效益

芜湖排水系统智慧运行管理平台为治水工程、系统运维提供了全生命周期的智慧化服务。通过本项目平台，实现污水系统运维与监管工作从被动响应到主动应对，从传统人工管理到智能自动系统管控，从碎片化治理向全要素全过程的系统治理转变。水务资产、运行状态等信息一目了然，让过去"看不见"的都能"看得见"。同时，实现问题智能诊断、污染精准溯源，让过去"说不清"的都能"说得清"，并对问题处理留痕，优化运行调度，让"管不住"的都能"管得住"。

长江大保护任务艰巨。当前，芜湖市智慧水务建设处于先行先试阶段。今后，该平台将进一步完善应用功能，扩大应用范围，为长江大保护"助力添彩"。